LEICHT-
FLUGZEUGBAU

VON

Dr. Ing. G. LACHMANN

MIT 107 ABBILDUNGEN

DRUCK UND VERLAG VON R. OLDENBOURG
MÜNCHEN UND BERLIN 1925

Vorwort.

Dieses Buch faßt die Ergebnisse der konstruktiven Arbeiten auf dem Gebiete des Leichtflugzeugbaues im In- und Auslande zu einer gedrängten Übersicht zusammen.

In dem entwicklungsgeschichtlichen Teil ist von einer kritischen Würdigung der verschiedenen kennzeichnenden Bauarten Abstand genommen, weil der Leichtflugzeugbau heute noch zu sehr in der Typenentwicklung begriffen ist. Es ist ebenso unbillig, einer vorwiegend nach den Grundsätzen einfacher und schneller Fertigung entworfenen Maschine aerodynamische Mängel vorzuwerfen, wie etwa von einem aus technisch-wissenschaftlichem oder rein sportlichem Interesse entstandenen Leichtflugzeug einer akademischen Fliegergruppe zu verlangen, daß es den Anforderungen einfacher Reihenherstellung genüge.

Die aerodynamischen Fragen verdienten eine besonders ausführliche Betrachtung, weil ihnen eine absolute und gleichbleibende Bedeutung zukommt. Das aerodynamische Forschungsgebiet und die weit verzweigte, teilweise nicht allgemein zugängliche Fachliteratur sind schwer zu überblicken. Auch ist es nicht leicht für den Konstrukteur, fremde aerodynamische Versuchsergebnisse kritisch zu bewerten, wenn er nicht selbst versuchstechnisch gearbeitet hat. Diese Fälle sind bekanntlich selten. Der Verfasser hat daher die für den Konstrukteur von Leichtflugzeugen wichtigen und wissenswerten, in der in- und ausländischen Fachliteratur verstreuten Forschungsergebnisse neben eigenen bisher unveröffentlichten Versuchsarbeiten in diesem Abschnitt zusammengefaßt. Auf Grund mehrfacher Anregungen aus der Praxis wurden allgemein gehaltene Ableitungen zur Abschätzung und Berechnung der Leistungen und des statischen Momenten-Ausgleiches aufgenommen.

Es sei allen Firmen für die Überlassung von konstruktiven Angaben, Bildern, Zeichnungen und Versuchsergebnissen gedankt, ebenso dem »Aeroplane« und »Flight« für die Erlaubnis zur Wiedergabe verschiedener erfolgreicher englischer Konstruktionen.

Göttingen, im Herbst 1924.

G. Lachmann.

Inhaltsverzeichnis.

— V —

I. Einleitung.

1. Festlegung des Begriffs „Leichtflugzeug".

Zurzeit besteht noch eine ziemliche Unklarheit im Gebrauch der Begriffe Klein- und Leichtflugzeug. Eine bestimmte Scheidung ist daher zunächst erforderlich, um diese neuesten Entwicklungsformen der Flugtechnik streng und eindeutig zu umreißen. Der Begriff wird bestimmt durch die Dimensionen von Leistung, Gewicht und räumlicher Abmessung. Die räumliche Abmessung allein gibt keine sichere Definition, da ein »kleines« Flugzeug sowohl bei hoher Flächen- und geringer Leistungsbelastung (Rennflugzeug), als auch umgekehrt bei geringer Flächen- und hoher Leistungsbelastung vorstellbar ist. Wir wollen in der vorliegenden Arbeit eine Flugzeugart betrachten, die nach jeder der drei angegebenen Richtungen hin einem Kleinstwert zustrebt, also klein, schwachmotorig und leicht ist.

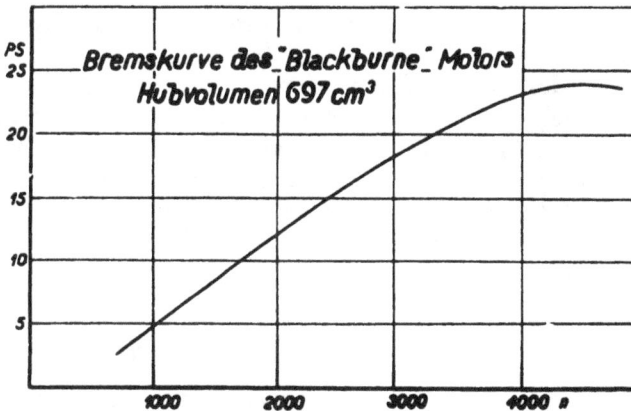

Abb. 1. Bremsdiagramm des Blackburne-Motors.

Den Begriff nach der Leistung des Motors zu bestimmen, ist unzweckmäßig, weil die sogenannte »Nennleistung« außerordentlich dehnbar ist. Der Bereich der zugrunde gelegten Betriebsdrehzahl schwankt bei den Leichtmotoren zwischen 2000 und 4000. Man findet oft in den Fabrikbeschreibungen von Leichtmotoren eine Nennleistung von 6 bis 8 PS angegeben, während ein Blick auf das Bremsdiagramm zeigt, daß der betreffende Motor bei der zugrunde gelegten Drehzahl das 2,5- bis 3 fache leistet (Abb. 1). Anderseits bietet der Leichtmotorenbau noch reiche Entwicklungsmöglichkeiten, so daß es durchaus wahrscheinlich ist, daß das PS-Gewicht noch unter den heutigen Wert heruntergedrückt wird. Konstruktive Neuerungen und Erfindungen werden vielleicht zu überraschend leichten Bauarten führen, so daß man zu stärkeren Einheiten übergehen wird, um die Leistungsfähigkeit des Flugzeugs zu steigern.

Dagegen erscheint das Gewicht des Flugwerkes relativ den geringsten Veränderungsmöglichkeiten ausgesetzt, da wir uns in dieser Hinsicht wohl schon am stärksten einem Kleinstwert genähert haben. Die Entwicklung anderer Verkehrsfahrzeuge hat gelehrt, daß jedes Verkehrsmittel eines gewissen minimalen Betriebsgewichtes pro beförderte Person bedarf, und daß der Faktor Betriebsgewicht durch Personenzahl bei Zunahme der Geschwindigkeit wächst. Die höhere Geschwindigkeit bedingt beim Landfahrzeug größere dynamische Beanspruchungen und damit eine Verstärkung der Konstruktion, die im allgemeinen stets mit größerem Materialaufwand und damit höherem Baugewicht verbunden ist. Beim Flugzeug liegen die Verhältnisse ähnlich, obwohl die größten und gefährlichsten Beanspruchungen nicht im normalen Fluge, sondern beispielsweise beim Abfangen aus dem Sturzflug und bei harten Landungen auftreten. Beim schnelleren Flugzeug sind jedoch auch hierbei die auftretenden Kräfte infolge der höheren Flächenbelastung größer, so daß sich die genannte Regel auch auf Flugzeuge übertragen läßt. Man darf jedenfalls annehmen, daß sich das Baugewicht mit zunehmender Leistung und wachsenden Geschwindigkeiten auch bei den kleinen und leichten Flugzeugen eher vergrößern als verkleinern wird, und darf daher die Größenordnung der bis jetzt verwirklichten Durchschnittswerte für das Leergewicht als Maßstab für eine untere Gewichtsgrenze betrachten. Wir entscheiden uns daher für den Ausdruck »Leichtflugzeug« und wählen als obere Grenze für das Leergewicht den Wert von 250 kg.

2. Die technische Aufgabe des Leichtflugzeugs.

Alle Richtlinien für die Konstruktion entspringen dem Zweck der Maschine. Zweck wiederum ist nicht eine der vielseitigen Anwendungsmöglichkeiten, Sport, Verkehr, Ausbildung, sondern gleichbedeutend mit technischer Aufgabe. Die Definition, die die Einstellung dieses Buches kennzeichnet, soll also lauten: Zweck des Leichtflugzeuges ist sicheres und billiges Fliegen bei geringstem Aufwand an Baugewicht.

Die Sicherheitsforderungen werden hierbei bewußt den wirtschaftlichen Gesichtspunkten vorangestellt, weil es vorläufig bei diesen Maschinen ungleich mehr darauf ankommt, daß sie spielend leicht zu fliegen sind, auf ganz kleinen Plätzen gelandet werden können und eine durchaus betriebssichere Kraftquelle besitzen, als daß sie die bis jetzt erreichten Durchschnittsleistungen an Geschwindigkeit, Steigvermögen und Betriebsstoffverbrauch um einige Hundertteile verbessern. Der Begriff »sicher« umfaßt neben der Betriebssicherheit des Motors die allgemeine statische Bausicherheit und die Stabilitäts- und Steuereigenschaften des Flugzeugs, während der Begriff »billig« Herstellungskosten und damit Einfachheit der Bauart, geringen Aufwand an Betriebsgewicht durch zweckmäßigen Leichtbau, geringen Leistungsbedarf und damit hohe Transportökonomie, einfache Wartung und geringen Raumbedarf für die Unterbringung einschließt. Es erscheint zwecklos und geradezu entwicklungshemmend, wenn man bei diesem neuen Flugzeugtyp die Gesichtspunkte der Wirtschaftlichkeit, insbesondere die Transport- oder Verkehrsökonomie in den Vordergrund stellte, ehe die Frage der Betriebssicherheit in befriedigender Weise gelöst worden ist. Der Anwendungsbereich dieser Flugzeuge beschränkt sich zurzeit und wird sich in den nächsten Jahren voraussichtlich ausschließlich auf rein flugsportliches Gebiet beschränken. Abgesehen von dem Anschaffungspreis spielt die Wirtschaftlichkeit hierbei eine untergeordnete Rolle. Selbstverständlich ist schon heute in Einzelfällen mit derartigen Leichtflugzeugen ein privater Schnellverkehr denkbar, z. B. auf großen Landgütern oder zwischen flachem Land und Großstädten mit Flugplatzanlagen. Das Bedürfnis und die Voraussetzungen für eine allgemeine Entwicklung des privaten Schnellflugverkehrs sind heute jedoch noch lange nicht in dem Maße vorhanden, wie es oft von Optimisten dargestellt wird. Ein derartiger privater Schnellverkehr mit Leichtflugzeugen setzt einen umumfassenden Ausbau der Bodenorganisation voraus, der an der Peripherie aller größeren Städte Flugfelder und vor allem Unterbringungsschuppen, Tankstellen, Werkstätten mit Monteuren und eine rasche Verbindung mit der Stadt durch bereitgestellte Kraftwagen vorsehen müßte. Man muß selbst einmal in der Nähe einer Großstadt notgelandet sein und erfahren haben, welche Schwierigkeiten Bewachung und Unterbringung der Maschine, evtl. Reparaturen und Bodentransport machen. Dann erkennt man, wie weit wir noch davon entfernt sind, mit privaten Schnellverkehrsmitteln auf der Erde, z. B. Automobil und Motorrad, in einen ernsthaften praktischen Wettstreit einzutreten.

Im übrigen ist die Flugwirtschaftlichkeit bei Leichtflugzeugen bereits in einer Weise entwickelt worden, die sehr gut einen Vergleich mit anderen Schnellverkehrsmitteln aushält. Man drückt gewöhnlich die Transportökonomie durch den folgenden dimensionslosen Ausdruck aus:

$$T = \frac{Gn \cdot v}{Ni}$$

wobei: Gn = beförderte Nutzlast, v = Reisegeschwindigkeit (Durchschnittsgeschwindigkeit) und Ni die vom Motor dem Flugzeug zugeführte

1*

Leistung darstellen. Am wirtschaftlichsten ist nach dieser Definition das Flugzeug, das die beste Gleitzahl und den höchsten Propellerwirkungsgrad besitzt und bei dem bei gegebenem Gesamtgewicht G der Anteil der Nutzlast Gn am größten ist. Man kann aus dieser Formel einen Ausdruck für die Verkehrsökonomie ableiten, wenn man für Gn die Anzahl der beförderten Personen n als Nutzlast und für Ni den Brennstoffverbrauch x pro Stunde einführt:

$$V = \frac{n \cdot v}{x}.$$

In der nachstehenden Zahlentafel ist dieser Vergleich für eine Reihe moderner und dem Leichtflugzeug der motorischen Leistung nach ähnlicher Schnellverkehrsmittel durchgeführt. Dieser Vergleich hat zwar den Nachteil, daß Fahrzeuge miteinander verglichen werden, bei denen die Durchschnittsgeschwindigkeiten in verhältnismäßig starkem Grade voneinander abweichen. Die Kehrwerte von V haben jedoch eine sehr einfache praktische Bedeutung, indem sie den Betriebsstoffverbrauch b in Kilogramm pro Kilometer und Person angeben:

$$b = \frac{1}{V} \text{ kg/Pers.} \cdot \text{Km.}$$

Die in der Zahlentafel angeführten Werte von x stellen den Preis für den Gesamtbetriebsstoffverbrauch dar, indem ein geschätzter Zuschlag von 12 vH für den Ölverbrauch angesetzt wurde, unter Annahme eines Einheitspreises von 0,40 M. für 1 kg Brennstoff.

Verkehrsmittel	Anzahl der beförderten Personen	Durchschnitts-geschwindig-keit km/h	Benzin-verbrauch pro 1 Stunde kg	V	x Pfg.
Motorrad	2	60	2,78	43,2	0,928
Tourenauto	4	50	8 9	39,8	1,78
Kleinauto	2	50	2,78	36.0	1,11
Mittelschweres Flug-zeug	2	130	13,25	19,6	2,05
Einsitziges Leichtflug-zeug	1	100	3,0	33,3	1,20
Zweisitziges Leicht-flugzeug	2	100	4,48	43,5	0,92

Man ersieht aus diesem Vergleich, daß das Leichtflugzeug, insbesondere das zweisitzige, sehr wohl imstande ist, schon jetzt hinsichtlich der reinen Betriebsstoffkosten mit allen anderen Schnellverkehrsmitteln in Wettstreit zu treten.

Es wäre ein müßiges Unterfangen, einen vollkommenen Rentabilitätsvergleich anzustellen. Hierfür fehlen alle sicheren statistischen Unterlagen hinsichtlich der Abschreibungen, d. h. hinsichtlich der Zahl der durchschnittlich bis zum restlosen Verbrauch der Maschine zurück-

gelegten Kilometer oder Flugstunden-, Unterbringungs- und Wartungs-
kosten und Reparaturkosten.

Zu trennen von den eigentlichen Leichtflugzeugen sind die sogenannten »Segelflugzeuge mit Hilfsmotor«, obwohl sie unter die gleiche
Gewichtsgrenze fallen. Wie ihr Name schon sagt, ist ihr eigentlicher
Zweck das Segeln, während der Motor nur dazu bestimmt ist, den
Abflug und die Überwindung von Flauten und Abwindzonen zu ermöglichen. Zwei typische Vertreter dieser Richtung sind der »Moritz«
von Martens mit Ilo-Motor (Abb. 2) und der »Rote Vogel« von Bäumer

Abb. 2. Segelflugzeug »Moritz« mit Ilo-Hilfsmotor.

mit 350-ccm-Douglas-Motor. Während bei der Maschine von Martens
der Motor auf einer besonderen Nase über dem Rumpfvorderteil angeordnet
ist, befindet er sich bei der Maschine von Bäumer hinter dem Kopf des
Führer (!). Die Verbindung zwischen Motor und Schraube erfolgt durch
eine etwa 1 m lange Welle.

So stark an sich die Erfahrungen des Segelflugzeugbaues in aerodynamischer und konstruktiver Hinsicht mittelbar die Entwicklung des
Leichtflugzeuges beeinflußt haben, ebenso ungünstig erscheint die Ver-

mischung beider Richtungen. Wie die beiden Beispiele deutlich zeigen, wird auf diese Weise ein technischer Zwitter erzeugt, der in keiner Richtung etwas Besonderes taugt. Als Segelflugzeug leiden seine Flugeigenschaften durch die Gewichtsvergrößerung infolge der zusätzlichen Belastung, und die aerodynamischen Eigenschaften werden durch die zusätzlichen Widerstände, insbesondere durch den Widerstand der Schraube, stark beeinträchtigt. Anderseits wird für den Motorflug die Leistungsbelastung zu hoch. Die Folge ist ein unsicherer und gefährlicher Start in der Ebene, da der Anlauf groß wird und das Steigvermögen nicht ausreicht, um Hindernisse an den Flugplatzgrenzen, wie Bäume oder Häuser, rasch zu übersteigen. Der geringe Leistungsüberschuß im Normalflug gefährdet die Betriebssicherheit des Motors in höchstem Maße. Dazu kommt der Umstand, daß sich die Bedeutung des induzierten Widerstandes verschiebt, der bei der Konstruktion der Segelflugzeuge grundlegend ins Gewicht fällt. Will man nämlich kein reines Schön-Wetter-Flugzeug heranzüchten, so muß man eine Geschwindigkeit von mindestens 100 km/Std. voraussetzen. Bei derartigen Geschwindigkeiten hat der induzierte Widerstand eine verhältnismäßig geringe Bedeutung gegenüber den anderen Widerständen des Flugzeugs. Infolgedessen verliert die große Spannweite, die sich mit der Zeit bei Segelflugzeugen eingeführt hat, wesentlich an Einfluß. Im übrigen ist sie auch für die fliegerischen Eigenschaften des Flugzeuges, insbesondere für die Steuerbarkeit und Wendigkeit, hinderlich. Die praktische und technische Bedeutung des Segelflugzeugs mit Hilfsmotor erscheint daher äußerst beschränkt. Diese Bauart soll deshalb im folgenden nicht weiter erörtert werden.

II. Die Entwicklung des Leichtflugzeuges.

a) In Deutschland.

Die Ansätze zur Entwicklung des Leichtflugzeuges reichen in die ersten Jahre der Flugtechnik in Europa überhaupt zurück. Es sei an die «Demoiselle» von Santos Dumont, an die Flugzeuge von Grade, Hanuschke u. a. erinnert. Wenn sich diese Flugzeugbauarten seinerzeit noch nicht einbürgern konnten, so beruhte dies damals auf dem Mangel an geeigneten und betriebssicheren Leichtmotoren und auf der allgemeinen Unsicherheit des Fliegens überhaupt. Der Leichtbau und die aerodynamischen Grundlagen waren noch nicht genügend entwickelt. Dazu kam der überwiegende Einfluß militärischer Richtlinien auf die konstruktive Entwicklung des Flugzeugbaues. Ihren Höhepunkt erreichte diese Einstellung naturgemäß im Kriege. Hier trumphierte die Leistungssteigerung über alle anderen Fragen. Daneben aber brachte der

gewaltige Antrieb, den der Krieg der Flugtechnik gab, eine bedeutende
Förderung der aerodynamischen und konstruktiven Erkenntnisse. Diese
kommen auch dem Leichtflugzeugbau zugute, da dieser in hohem Maße
auf den im Kriege auf aerodynamischem Gebiete geleisteten Forschungsarbeiten beruht.

Durch die Anregung von O. Ursinus und anderer entstand im Jahre 1920
unter dem Eindruck der durch die Erfüllung des Friedensvertrages geschaf-
fenent rostlosen Lage des deutschen Flugwesens der erste Rhönwettbewerb.

Abb. 3. Flügelaufbau des Segelflugzeugs »Schwarzer Teufel«.
(Aus der Zeitschrift »Flugsport«, Frankfurt a/M.)

Es gab drei Richtpunkte. Das ideale Ziel war die Lösung des Segel-
flugproblems an sich. In angewandter Hinsicht sollte das deutsche
Flugwesen durch die Heranbildung neuer, wirtschaftlicher Formen be-
fruchtet und das schwachmotorige Leichtflugzeug herangebildet werden.
Zum dritten war der Gedanke maßgebend, die bereits vorhandenen
Anhänger des motorlosen Fluges zu einheitlicher Arbeit zusammenzufassen.
Der erste Wettbewerb war durch recht beschränkte Verhältnisse und durch
verhältnismäßig geringe zur Verfügung stehende Mittel gekennzeichnet,
wobei übrigens die Erfahrung später gezeigt hat, daß bei derartigen
Unternehmungen im Primitiven ein größerer Reiz liegt als in der hoch
entwickelten Organisation. Der größere Kreis der Fachwelt stand den
damaligen Versuchen noch ziemlich ablehnend oder gleichgültig gegenüber. Der Todessturz Eugen von Loeßls, der ein hervorragend begabter
Vorkämpfer der neuen Richtung war, versetzte der jungen Bewegung

einen schweren Schlag, der jedoch insbesondere durch die Initiative der Aachener Gruppe wieder ausgeglichen wurde. Die von Loeßl eigenhändig in ziemlich primitiver Weise zusammengezimmerte Maschine machte durchaus keine Ansprüche in technischer oder aerodynamischer Hinsicht. Dagegen war in dieser Richtung der Eindecker der Aachener Flugwissenschaftlichen Vereinigung schon sehr bewußt durchgebildet. Ohne Anwendung eines einzigen Verspanndrahtes oder irgendwelcher Beschläge war es gelungen, einen sehr leichten, freitragenden Flügel bei außerordentlich hoher Verdrehungssteifigkeit herzustellen. Das Flügelgewicht pro 1 m² einschließlich Stoffbespannung und Imprägnierung betrug nur 1,6 kg. Abb. 3 gibt einen Einblick in den inneren Aufbau des Flügels.

Der Segelflugwettbewerb 1921, der nunmehr unter dem Schutz der Wissenschaftlichen Gesellschaft für Luftfahrt stand, brachte wesentliche Fortschritte in technischer und fliegerischer Hinsicht. Die bemerkenswerteste Maschine war der von der Hannoverschen Waggonfabrik erbaute Eindecker »Vampyr« der technischen Fliegergruppe

Abb. 4. Segelflugzeug »Consul«.

Hannover. In aerodynamischer Hinsicht war bei dieser Maschine in außerordentlich zielbewußter Weise auf möglichste Verringerung der Sinkgeschwindigkeit hingearbeitet worden. Der Ausdruck $\frac{c_a^3}{c_w^2}$, der neben der Flächenbelastung und der Luftdichte die Sinkgeschwindigkeit bestimmt, war durch Wahl einer großen Spannweite, eines günstigen Profiles und durch möglichste Verringerung der Stirnwiderstände auf den Wert von 300 bei einer besten Gleitzahl von $^1/_{16}$ getrieben worden. Auch in konstruktivem Belang waren wesentliche Fortschritte erzielt, besonders im Flügelaufbau. Der Tragflügel zeigte vor allen Dingen nicht die etwas unbequeme Starrheit der Klempererschen Bauart. Unter Zuhilfenahme sinnvoller und einfacher Verbindungsstücke konnte der Flügel in drei Teile zerlegt werden, was den Transport und die Reparatur wesentlich erleichterte. Im inneren Flügelaufbau fiel eine neuartige, später oft nachgeahmte Konstruktion besonders auf, die Vereinigung des Vorderholms mit der gesamten Flügelnase zu einer einzigen torsionssteifen Sperrholzröhre. Die Konstruktion des »Vampyr« ist für den späteren Segelflugzeugbau als Grundlage für eine gewisse Einheitsform richtunggebend geworden.

Im Jahre 1922 erreichte die Rhönbewegung ihren Höhepunkt mit den Stundenflügen von Martens und Hentzen, welche den sogenannten statischen Segelflug in vollkommener Weise verwirklichten. Das Jahr 1923 brachte im »Konsul« der Darmstädter Fliegergruppe eine schwerlich noch zu übertreffende Leistung aerodynamischer Hochzüchtung. Abb. 4.

Es ist nicht die Aufgabe dieser Zeilen, zur weiteren Entwicklung und zur Bedeutung des motorlosen Segelfluges Stellung zu nehmen.

Abb. 5. Erstes Aachener Leichtflugzeug (1923).

Es handelt sich nur darum, anzudeuten, wie diese Bewegung in erster Linie dazu beigetragen hat, die aerodynamischen und konstruktiven Grundlagen zu entwickeln. Leider ist die Heranbildung der Leichtmotoren nicht in gleichem Maße mit dem flugtechnischen Fortschritt erfolgt. Auch neigte man dazu, die unmittelbare praktische Auswirkung der erzielten Erfolge zu überschätzen und sich etwas zu einseitig in der Richtung des reinen Segelfluges einzustellen.

Das von Klemperer im Jahre 1923 konstruierte und von der Aachener Segelflugzeug G. m. b. H. gebaute Leichtflugzeug hat im Herbst 1923 auf der Wasserkuppe in der Rhön verschiedene wohlgelungene Flüge ausgeführt. Der eingebaute Mabeko-Fahrrad-Motor hat sich jedoch nicht besonders bewährt. Größere Erfolge sind dieser Maschine nicht beschieden gewesen. Form und Abmessungen des Flugzeuges gehen aus Abb. 5 u. 6

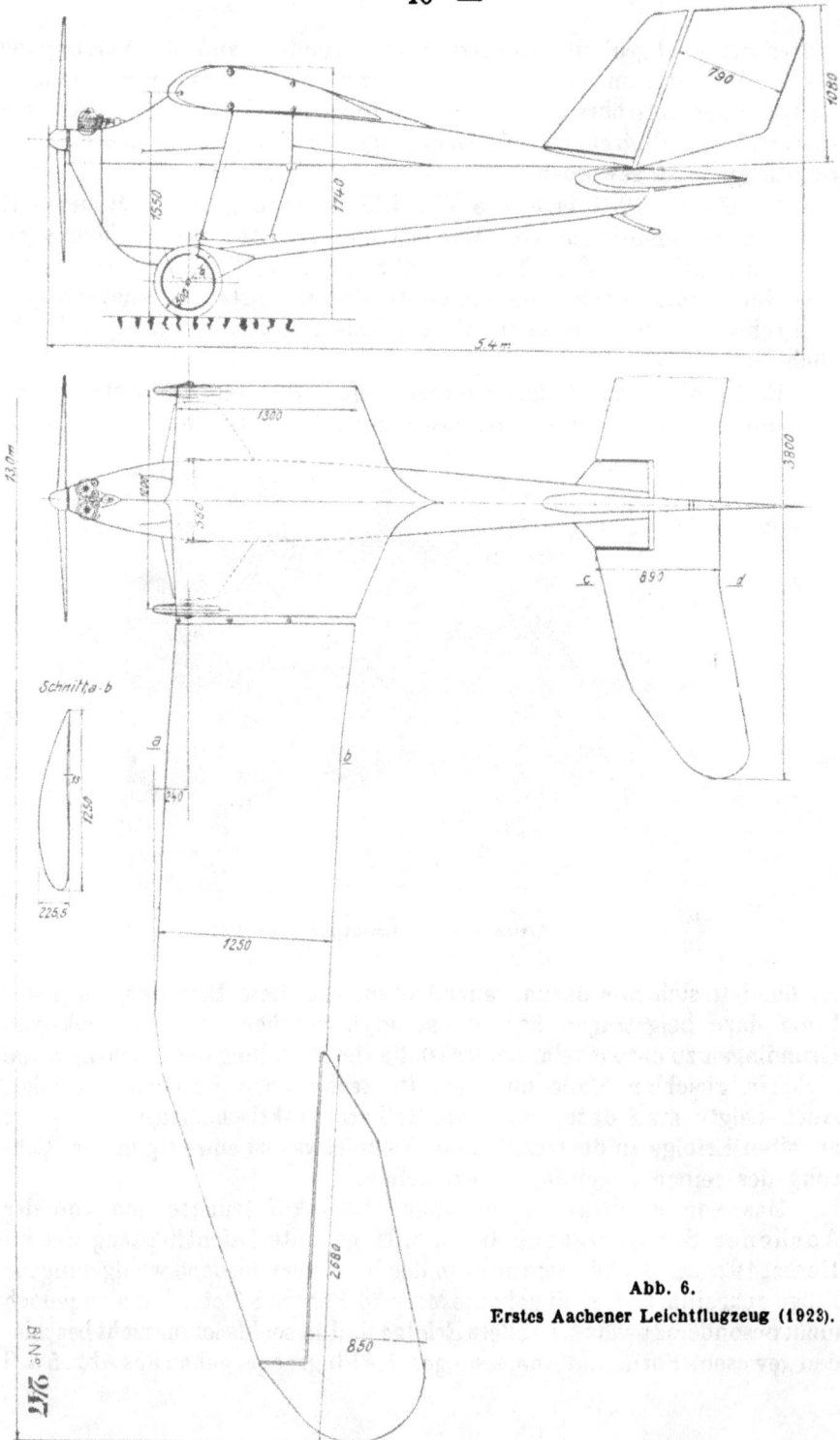

Abb. 6.
Erstes Aachener Leichtflugzeug (1923).

hervor. Es war ein verstrebter Hochdecker mit Sperrholzrumpf. Flügel und Leitwerk entsprachen dem »Rheinland«-Segelflugzeug. Die Spannweite betrug 13 m, die Fläche 15,2 m² und das Leergewicht 160 kg (betriebsfertig). Bemerkenswert ist das zwischen Motor und Schraube eingeschaltete Untersetzungsgetriebe und ein Selbstanlasser, der ein Anwerfen des Motors vom Führersitz aus ermöglichte.

Abb. 7. Daimler Leichtflugzeug.

Ein weiterer deutscher Vorläufer des Leichtflugzeuges war der Daimler-Eindecker, ein freitragender Hochdecker, auf dem Dipl.-Ing. Schrenk Ende 1923 und Anfang 1924 beachtliche Flüge, darunter auch Passagierflüge, ausgeführt hat (Abb. 7).

Abb. 8. Udet-Leichtflugzeug »Kolibri«

Die englischen Erfolge mit Leichtflugzeugen, von denen noch eingehender die Rede sein wird, regten im Jahre 1924 eine Reihe deutscher Konstruktionen an. Der Rhönwettbewerb des Jahres 1924 brachte zum

ersten Male neben dem Wettbewerb der Segelflugzeuge einen Wettstreit solcher kleiner Flugzeuge, wobei der »Kolibri« des Udet-Flug-
zeugbaues unter Führung von E. Udet am erfolgreichsten abschnitt
(Abb. 8 u. 9). Es ist ein freitragender Hochdecker mit Sperrholzrumpf.
Als Motor dient ein 750-ccm-Douglas bei unmittelbarem Schraubenantrieb. Der an einem kurzen Baldachin aus Stahlrohren ange-
schlossene Tragflügel ist zweiteilig. Die beiden Flügelhälften sind dadurch verbunden, daß die Holmenden des linken Flügels futteral-
ähnlich in die Holme des rechten Flügels eingeschoben werden können.

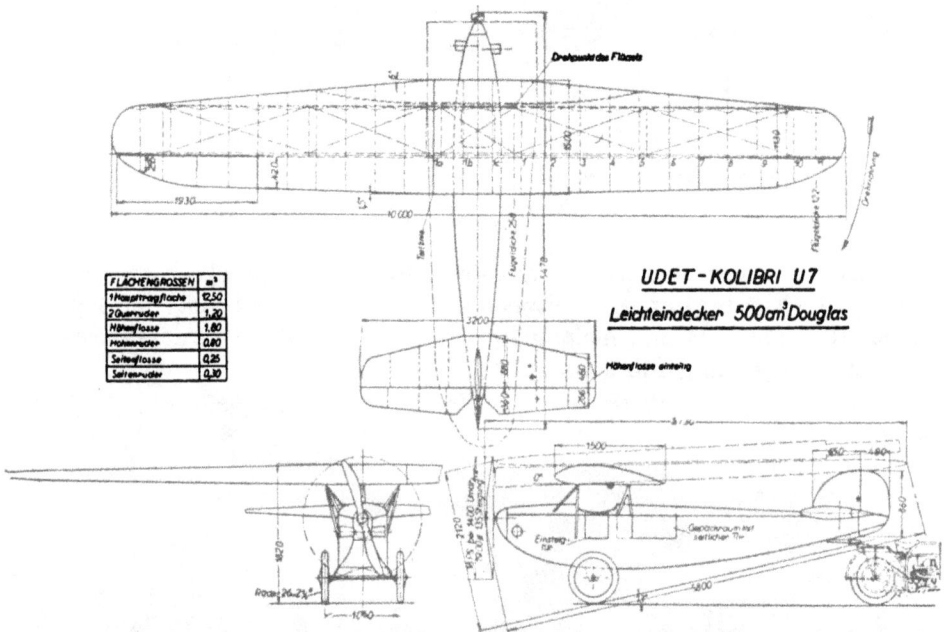

UDET-KOLIBRI U7

Leichteindecker 500cm³ Douglas

Abb. 9.   Udet-Leichtflugzeug »Kolibri«.

Bei der Abrüstung kann der rechte Flügel um seinen vorderen Anschlußpunkt nach hinten gedreht werden, wobei er auf der Flosse des Seitenleitwerks ruht. Zum Transport wird die linke Flügelhälfte auf den zurück-
geschlagenen Flügel aufgelegt. Das Fahrgestell besteht aus einer durch-
laufenden Achse, die mit Gummiringen in kurzen, aus dem Rumpf
herausstehenden Achsträgern aufgehängt ist. Durch eine seitliche Türe
des Rumpfes steigt der Führer ein.

Der Eindecker von Blume und Hentzen (Abb. 10) ist ebenfalls ein
Vertreter der Hochdeckerbauweise. Die einholmig gebauten Tragflügel
werden hierbei an das fest mit den Baldachinstreben verbundene Mittelstück
angeschlossen. Der Rumpf ist bis auf den in Stahlrohr durchgeführten
Motoreinbau und die aufklappbare Aluminiumverkleidung ganz in

Sperrholz durchgeführt. Besonders fällt die sorgfältige strömungstech-
nische Durchbildung des Fahrgestells auf (Abb. 11). Als Motor dient ein

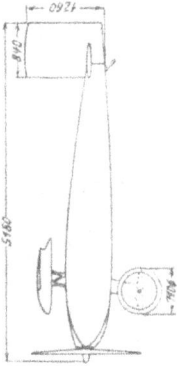

Abb. 10.
Leichtflugzeug »Habicht«
von Blume & Hentzen.

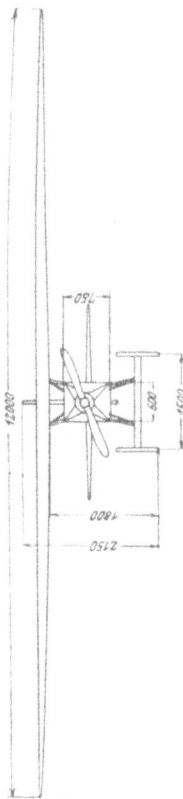

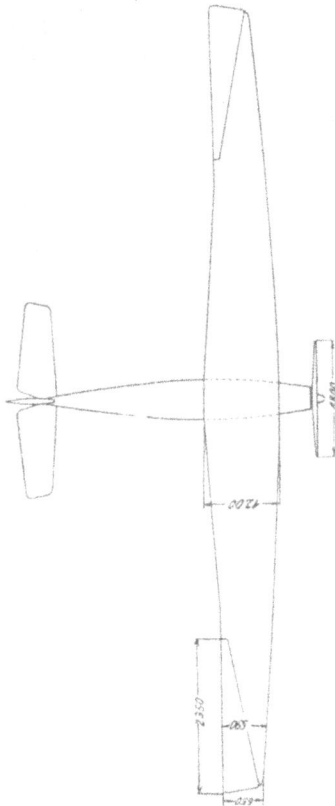

Zweizylinder-Fahrradmotor »Superior« von Siemens & Halske, der bei der
Betriebsdrehzahl von $n = 3600$ u/min. 19 PS leistet. Die Drehzahl der

Schraube wird durch eine Kettenuntersetzung auf $n = 1400$ herabgesetzt.

Der von der akademischen Fliegergruppe Darmstadt konstruierte und erbaute Einsitzer »Mohamed« (Abb. 12) bringt in vorbildlicher Weise das Streben nach strömungstechnisch vollkommener Durch-

Abb. 11. Fahrgestell des »Habicht«.

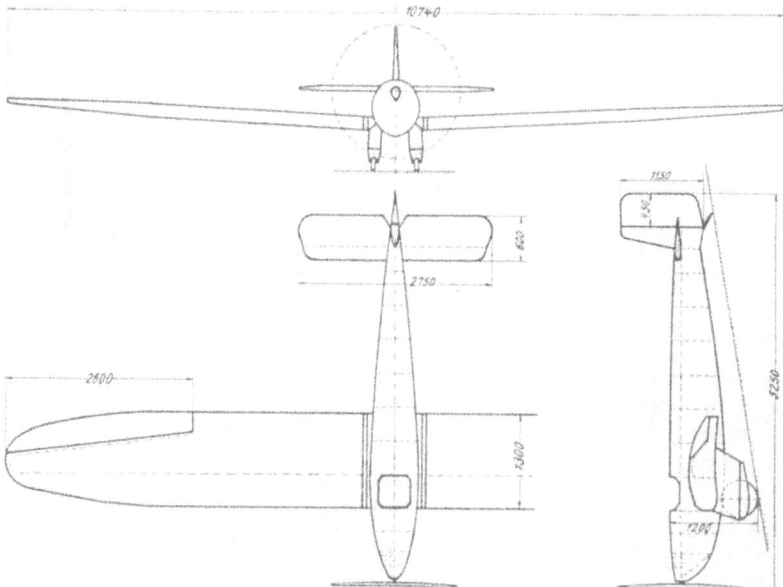

Abb. 12. Leichtflugzeug »Mohamed«.

bildung der äußeren Form zum Ausdruck. Es ist ein freitragender Tiefdecker. Die einholmig aufgebauten Flügel werden an zwei kurzen seitlichen Flügelstummeln angeschlossen. Der Rumpf ist aus ovalen Spanten und tragender Sperrholzhaut aufgebaut. Bemerkenswert sind die an die Aachener Segelflugzeuge »Schwarzer Teufel« und »Blaue Maus« erinnernden »hosenartig« ausgebildeten Fahrgestellstreben, in welche die Anlaufräder zu etwa drei Viertel eintauchen. Eine ähnliche Fahrgestellbauart ist an dem Albatros-Sportflugzeug L 58 verwirklicht, jedoch scheint die von der Darmstädter Fliegergruppe gewählte Konstruktion günstiger zu sein, da die Beanspruchungen nicht wie bei Albatros in die Flügelholme, sondern in den Rumpf geleitet werden. Zum Antrieb dient ein wassergekühlter Dreizylinder-, Hirth-Motor von 36 mm Bohrung

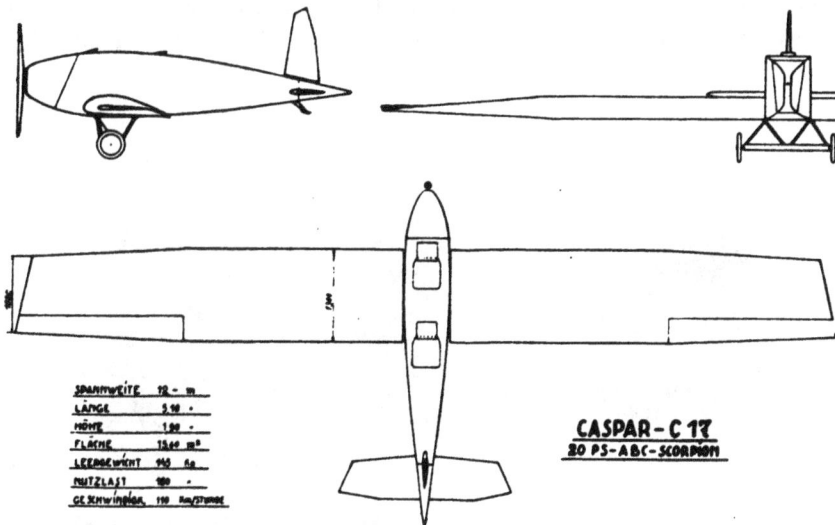

Abb. 13. Caspar, Leichtflugzeug C 17.

und 60 mm Hub, der nach dem Zweitaktverfahren arbeitet. Sein Gewicht einschli»lich Kühler und Kühlwasser beträgt 40 kg. Die Betriebsdrehzahl liegt bei $n = 4000$, wobei die Drehzahl der Schraube im Verhältnis 1:2,6 untersetzt wird. Die Maschine wurde von Studierenden der Technischen Hochschule Darmstadt eigenhändig aufgebaut und weist eine vorbildliche werkstattmäßige Ausführung der Einzelteile auf.

Besonderes Interesse verdienen zweisitzige Leichtflugzeuge, da sie die kommende, absatzverheißende und entwicklungsfähigste Form darstellen. Ein Beispiel eines erfolgreichen zweisitzigen Leichtflugzeuges ist der Caspar-Eindecker C 17 (Abb. 13 u. 14), ein freitragender Tiefdecker mit 1100-ccm-ABC-Motor Typ »Skorpion«. Diese Maschine besitzt verschiedene konstruktive Neuerungen, auf die wir später noch zurückkommen werden. Erwähnenswert ist an dieser Stelle, daß der Tragflügel elastisch drehbar im Rumpf gelagert ist, wobei der Hinterholm mit der Abfederung des Fahrgestells verbunden ist. Das Leitwerk ist zwangsläufig mit der Flügelbewegung gekuppelt, so daß die Schränkung zwischen Tragflügel und Leitwerk dauernd erhalten bleibt. Der Konstrukteur E. v. Loeßl verspricht sich von dieser Steuerung eine Verbesserung der Flugeigenschaften bei böigem Wetter und zugleich eine Ausnutzung der Böenenergie gemäß den theoretischen Anschauungen über den dynamischen Segelflug.

Bei der Konstruktion dieses Flugzeuges waren nicht nur einseitig aerodynamische Richtlinien maßgebend, sondern auch die einfacher und billiger Fertigung, die in ganz neuartiger Weise Berücksichtigung gefunden haben. Beim Flügelaufbau (mit tragender Sperrholzhaut) kamen nur wenige Rippen und nur drei verschiedene Rippengrößen zur Ver-

Abb. 14. Caspar, Leichtflugzeug C 17.

wendung. In dem sehr einfach aufgebauten Rumpf dient eine Stahlrohrbrücke dem Anschluß aller Hauptteile und zur Aufnahme der Hauptbeanspruchungen. Das Leergewicht von 145 kg ist außerordentlich niedrig und liegt mit etwa 45 kg unter der Norm der englischen zweisitzigen Leichtflugzeuge. Die Geschwindigkeit wird für den Horizontalflug mit 110—120 km/h, beim Steigen mit 100—105 km/h angegeben. (Diese Angaben erscheinen mit Rücksicht auf die verkehrte Anbringung des Venturirohres im Bereich der am stärksten beschleunigten Flügelströmung als sehr zweifelhaft.) Die Steiggeschwindigkeit in Bodennähe wurde mit 2,5—3,3 m/s festgestellt (ohne Passagier). Mit Fluggast erreichte die Maschine bisher 1450 m Höhe. Der Behälter faßt Betriebsstoff für 2—2,5 Flugstunden. Der zum Antrieb dienende ABC-Motor besitzt bei 3200 Umdrehungen eine Spitzenleistung von 30 PS. Er kann im Sparflug ohne Höhenverlust auf 2200 Umdrehungen gedrosselt werden, wobei er 16 PS liefert. Die Schraube ist direkt auf die Motorwelle aufgesetzt.

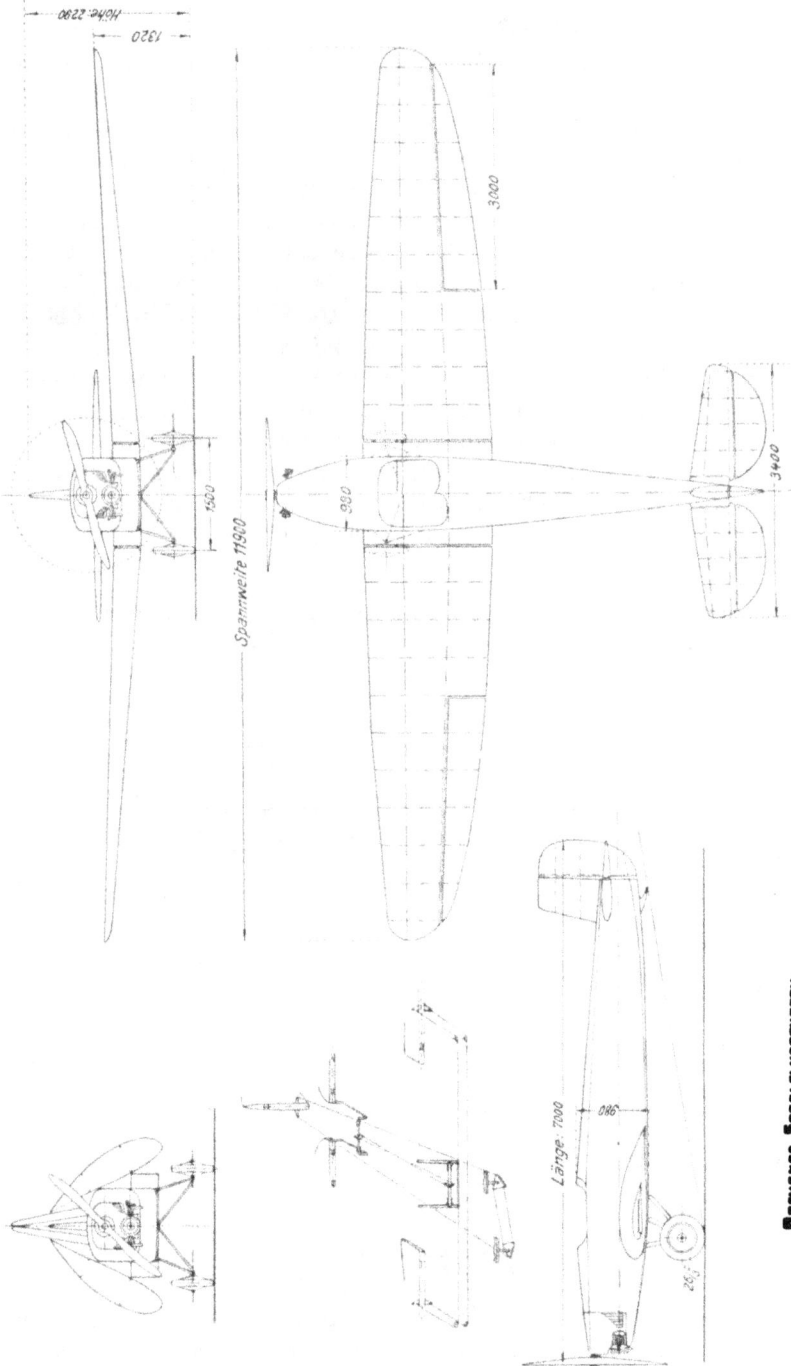

Abb. 15. Leichtflugzeug der Aachener Segelflugzeugbau-G. m. b. H.

Das von der Aachener Segelflugzeugbau G. m. b. H. konstruierte Leichtflugzeug S T (Abb. 15) ist ebenfalls als freitragender Tiefdecker gebaut. Die beiden Flügelhälften werden mit je 4 Anschlüssen an seitlichen Stummeln befestigt. Die Sitze sind nebeneinander angeordnet, was zu einem ungewöhnlich breiten Rumpfquerschnitt geführt hat. Die für die Stabilitäts- und Steuereigenschaften des Flugzeuges zweifellos günstige Zusammendrängung der Massen im Schwerpunkte hatte eine verhältnismäßig weit ausladende Rumpfspitze zur Folge, um das Moment von Rumpf- und Leitwerkgewicht durch den verhältnismäßig leichten Motor um den Schwerpunkt auszugleichen. Die Flügel sind in der üblichen Holz-Stoff-Bauweise, der Rumpf in Sperrholz ausgeführt. Für den Antrieb ist der ABC-Skorpion von 1100 cm³ in Aussicht genommen worden. Zunächst wurde die Maschine als Einsitzer mit einem 750 cm³ Douglas-Motor eingeflogen. Die Maschine kann sehr leicht und einfach auf- und abgerüstet werden, indem die Flügel seitlich an den Rumpf gelegt und die beiden Hälften des Höhenleitwerks hochgeklappt werden. Im abgerüsteten Zustand nimmt das Flugzeug einen Raum von 2,85 m Höhe, 2,35 m Breite und 7 m Länge ein.

Die wichtigsten Daten der vorstehend beschriebenen neueren deutschen Leichtflugzeuge sind in der nachstehenden Zahlentafel zusammengefaßt.

Hersteller	Be-zeichnung	Bauart	Leer-gewicht in kg	Zu-ladung in kg	Flug-gewicht in kg	Spann-weite m	Fläche m²	Flächen-belastng. G/F kg/m²	Länge über alles m
Udet-Flug-zeugbau	Kolibri	Hoch-decker	150	100	250	10	12,5	20	5,47
Dipl.-Ing. Hentzen u. Blume	Habicht	Hoch-decker	227	95	322	12	10,78	30	5,18
Akademi-sche Flieger-gruppe Darmstadt	Mahomed	Tief-decker	150 flug-fertig	—	220	10,75	12	18,3	5,25
Caspar-Werke	C 17	Tief-decker	145	180	325	12	15,6	20,9	5,1
Aachener Segelflug-zeugbau	S T	Tief-decker	220	180	400	11,9	17	23,5	7

b) In Frankreich.

Der erste Anstoß zur Entwicklung ausgesprochener Leichtflugzeuge ging zweifellos von Frankreich aus. Im Gegensatz zu der später in Deutschland entstandenen Segelflugbewegung, der die Idee zugrunde lag, das

Leichtflugzeug durch systematische Forschung unter Bildung selbständiger Bauformen heranzubilden, suchte man in Frankreich dieses Ziel
einfach dadurch zu erreichen, daß man die bisherigen Bauformen der
größeren Maschinen ins kleine übersetzte. Dieses primitive Prinzip findet
beispielsweise seinen Ausdruck in dem kleinen Sporteindecker »Moustique« von Farman, der im Jahre 1919 herauskam. Es war ein kleiner
Eindecker von einfachster Form, der ein Leergewicht von angeblich nur
100 kg besaß und mit einem 20 PS ABC »Gnat«-Motor, später mit einem
16 PS Salmson ausgerüstet war. Daneben ist ein Sportdoppeldecker

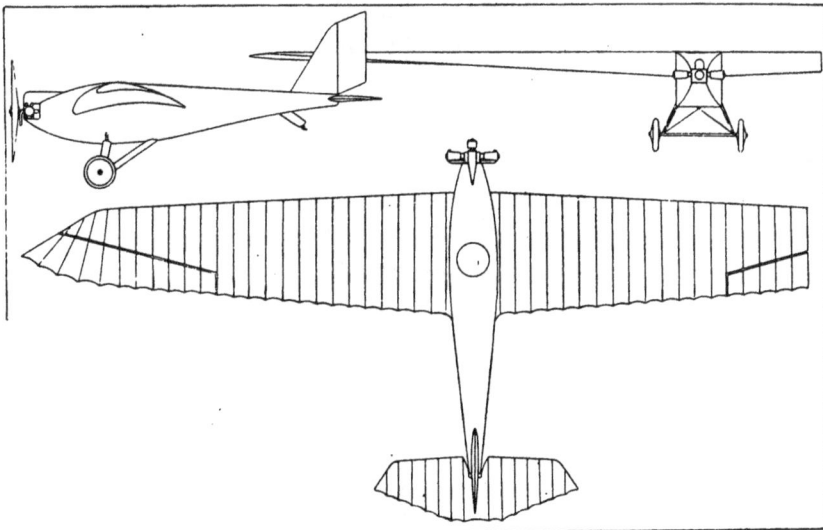

Abb. 16. Devoitine-Eindecker.

von Farman mit 200 kg Leergewicht und 45 PS Anzani-Motor zu erwähnen. Auch diese Maschine zeigt eine überaus primitive Formgebung,
der Fortschritt gegenüber den Konstruktionsprinzipien der ersten Jahre
der Flugtechnik war gering.

. Stärkeres Interesse beanspruchen die beiden von De Pischof konstruierten Leichtflugzeuge »Avionette« und »Estafette«, die in beachtenswerter Weise schon das Bestreben verkörperten, selbständige vereinfachte
Bauform heranzubilden, wobei jedes Bauelement möglichst viele konstruktive Aufgaben erfüllt. Auf Grund dieses richtig erkannten und folgerichtig durchgeführten Prinzips des Leichtbaues gelang es dem Konstrukteur, bei dem kleinen Doppeldecker »Avionette«, der ganz aus
Leichtmetall hergestellt war, ein Leergewicht von angeblich nur 102 kg

2*

zu verwirklichen. Die Maschine besaß einen 16 PS Clerget-Motor und hatte folgende Abmessungen:

Spannweite 5,2 m,
Fläche 7,5 m².

Die Geschwindigkeit in Bodennähe soll 90 bis 95 km/h, die Steigzeit auf 1200 m 52 min betragen haben.

Die Hauptdaten des »Estafette« benannten Doppeldeckers waren folgende:

Spannweite 5,8 m,
Fläche 10 m²,
Leergewicht 170 kg.

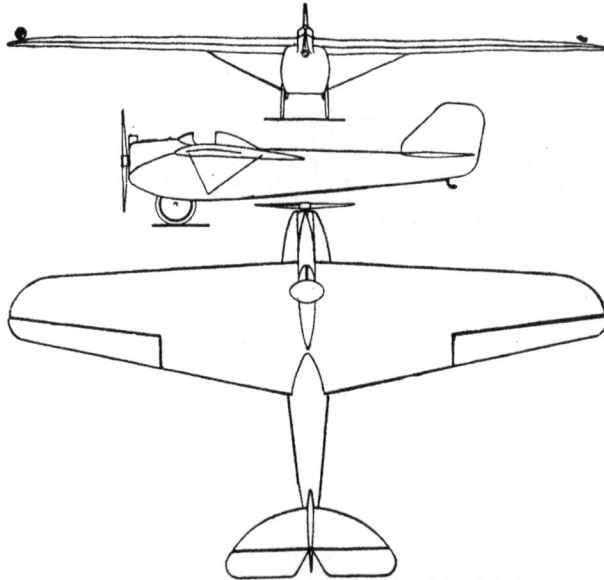

Abb. 17. Leichtflugzeug von Brèguet.

Die Höchstgeschwindigkeit in Bodennähe wird mit 115 km/h angegeben.

Die einige Jahre nach dem Kriege einsetzenden starken Luftrüstungen in Frankreich lenkten das Interesse der Industrie fast ausschließlich auf die Konstruktion schwerer Maschinen von großer Leistung.

Es fehlte daher nicht an gewissen einflußreichen Kreisen, die ziemlich energisch gegen die in Frankreich nach den deutschen Rhön-Erfolgen erneut einsetzenden gleichartigen Bestrebungen mit dem Einwand Front machten, daß der Fortschritt des Flugwesens lediglich in der Vergrößerung von Leistung und Geschwindigkeit beruhe.

Die Erfahrungen des Segelfluges führten dazu, Leichtflugzeuge in starker Anlehnung an erprobte Segelflugzeuge zu konstruieren. Ein bemerkenswerter Vertreter in dieser Richtung ist der »Dewoitine«-Eindecker (Abb. 16), ein freitragender Hochdecker von großer Spannweite, der mit verschiedenen Motoren (15 PS-Clerget, 14 PS-Salmson und 15 PS-Vaslin-Motor) geflogen ist (Abb. 16).

Im August 1923 fand der erste Wettbewerb für Leichtflugzeuge in Vauville statt, an welchem von französischer Seite aus zwei Dewoitine-Eindecker mit Vaslin- und Salmson-Motoren, eine schwanzlose Simplex-Maschine und ein Peyret-Eindecker (Hochdecker mit unterer Flügel-brücke, Motor 16 PS-Sergant) teilnahmen. Ferner war von belgischer Seite ein Poncelet-Hochdecker vertreten, der ebenfalls einen 16 PS-Sergant-Motor besaß.

Die Ergebnisse von Vauville wurden durch den darauf folgenden englischen Wettbewerb von Lympne weit in den Schatten gestellt. Die englischen Erfolge und im Zusammenhang damit die Aus-schreibungen der L'Association Française Aérienne zu einem Rund-fluge durch Frankreich haben Veranlassung gegeben, daß sich weitere Kreise der Konstruktion von Leichtflugzeugen zuwandten, darunter auch bekannte Firmen wie Bréguet und Blériot. Es ist unnötig, auf die verschiedenen Bauarten einzugehen. Fast durchweg sind es einsitzige Hochdecker, die einander im allgemeinen konstruktiven Auf-bau stark ähneln[1]). Als kennzeichnendes Beispiel der französischen Bau-weise ist der Hochdecker von Bréguet in Abb. 17 dargestellt.

Neuere französische Leichtflugzeuge.

Firma	Motor	Leistung PS	Spannweite m	Länge m	Flügel-fläche m²	Höhe m	Leer-gewicht kg	Flug-gewicht kg	Flächen-belastung kg/m²	Leistungs-belastung kg/PS
Farman	Salmson	15	7,0	5,50	10	2	100	—	—	—
„	Anzani	30	7,0	5,50	10	2	120	235	22,2	7,8
Carmier	Anzani	30	8,0	4,50	9,75	1,72	200	328	33,7	10,9
Simonet	Sergant	16	11,20	6,60	20	—	—	—	—	—
Dewoitine	Vaslin	35	13,0	5,60	16,5	—	—	—	—	—
„	Vaslin	16/20	13,0	5,60	16,5	—	250	—	—	—
„	Vaslin	20	13,0	5,60	16,5	—	250	—	—	—
Blériot-ANEC . . .	Blackburne	16	9,75	4,75	13,47	—	131,5	213	15,6	13,3
Beaujard-Viratelle	Sergant	16	—	—	—	—	—	—	—	—
Ligreau	Ligreau	8/10	—	—	—	—	—	—	—	—

Der erwähnte Rundflug für Leichtflugzeuge rund durch Frankreich fand im Jahre 1924 vom 27. Juli bis zum 10. August statt. Er ging von

---

[1]) Eine ausführliche Zusammenstellung der Daten älterer franz. Leichtflugzeuge findet sich in dem Buch »Das Leichtflugzeug« von W. v. Langsdorf.

Buc aus und führte über eine Gesamtstrecke von 1800 km. Die Strecke mußte in 8 Etappen erledigt werden, die längste Teilstrecke betrug 340 km und die kürzeste 128 km. Das Ergebnis war kläglich. Nachdem von den 15 gemeldeten Teilnehmern nur 3 die verhältnismäßig einfachen Bedingungen der Vorprüfung hatten erledigen können, gelang es nur einem einzigen Teilnehmer, Drouhin auf Farman-Eindecker, den Rundflug in der vorgeschriebenen Weise durchzuführen.

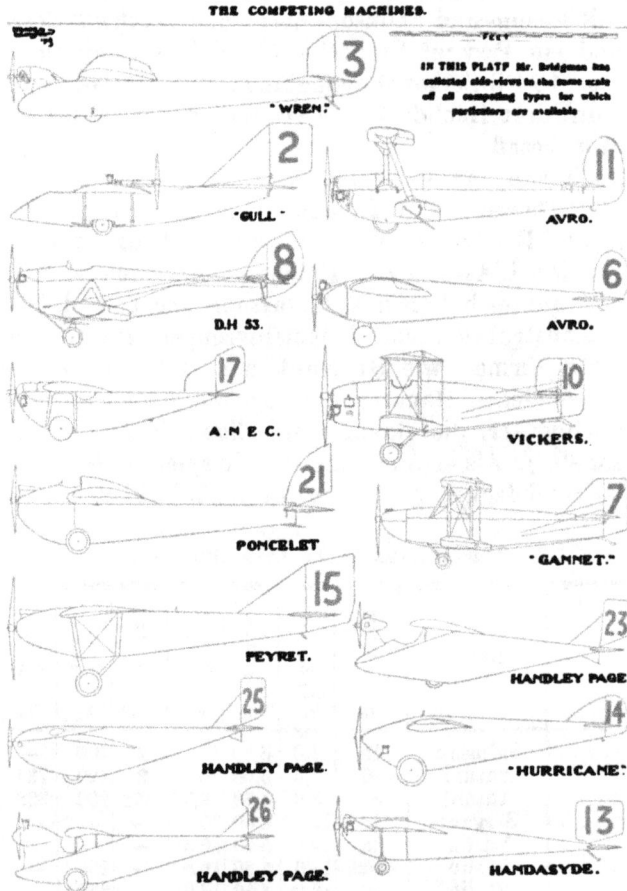

Abb. 18. Typenzusammenstellung engl. Leichtflugzeuge (1923).

c) In England.

α) Der erste Wettbewerb in Lympne.

Der reine Segelflug hat in England wegen seiner schnell erkannten geringen praktischen Bedeutung kein bleibendes Interesse erweckt.

Die ganz anders geartete Auffassung der Engländer kam sehr deutlich in den Wettbewerben in Lympne 1923 und 1924 zum Ausdruck. Charakteristisch ist das Fehlen der etwas romantischen und idealistischen

Abb. 19. Der »Wren«.

Einstellung unserer Rhön-Wettbewerbe. Während die deutschen Veranstaltungen durchweg getragen sind von der Teilnahme der sportlich und wissenschaftlich eingestellten akademischen Jugend, ist den englischen

Abb. 20. Die »Gull« von Gnosspelius.

Wettbewerben ein durchaus industrieller Zug eigen. Besonders begünstigt wurden die englischen Bestrebungen und Erfolge durch die hohe Leistungsfähigkeit der englischen Kleinmotorenindustrie, die in der Lage war, verhältnismäßig gut geeignete Motore zur Verfügung zu stellen. In Deutschland hat der Mangel an solchen Motoren die Entwicklung des Leichtflugzeuges fühlbar gehemmt.

Beim ersten Wettbewerb handelte es sich durchweg um Einsitzer, wobei Motorrad-Motoren mit Hubvolumen von 398 bis 750 cm³ eingebaut waren. (Die französischen und die belgischen Maschinen besassen einen Sergant-Kleinflug-Motor, der 4 Zylinder in Reihenanordnung besitzt.)

In allgemeiner konstruktiver Hinsicht waren zwei Richtungen vertreten, wobei sich die schwächere Gruppe ziemlich stark an die Bauart von Segelflugzeugen anlehnte. (Beispiele: Wren, Gull, Handley Page Nr. 25.) Die andere Gruppe neigte in der äußeren Formgebung stark zu den normalen Bauformen größerer Flugzeuge hin. Typische Vertreter dieser Richtung waren: De Havilland, Parnall Pixie, Vickers, Gannet usw.

Abb. 21. Die »Gull« von Gnosspelius.

Die beim ersten Wettbewerb erzielten Flugleistungen waren recht bemerkenswert:

Erzielte Fluglänge mit 5,4 l Benzin: 141 km
  (Wren- und ANEC-Eindecker).
Größte Horizontalgeschwindigkeit: 123 km/h
  (Parnall Pixie II).
Größte Flughöhe: 4400 m.
  (ANEC-Eindecker).
Größte, während des Wettbewerbs zurückgelegte Flugstrecke ohne Überholung des Motors oder sonstiger Teile des Flugzeugs: 1609 km (Avro-Eindecker).

Die Lehren des ersten Wettbewerbes waren fliegerischer und technischer Art. In fliegerischer Hinsicht konnte man feststellen, daß diese Maschinen keine Schön-Wetter-Flugzeuge waren, da das Wetter während des Wettbewerbs durchaus ungünstig war. Die Maschinen waren einfach zu fliegen, leicht zu landen und auch für Kunstflüge geeignet. In technischer Hinsicht ergab sich die Einschränkung, daß die verwendeten Motorrad-Motoren keinen vollwertigen Ersatz für einen betriebssicheren Leichtmotor darstellten. Es erschien vor allen Dingen notwendig, die Zylinderzahl, die mit Ausnahme des Sergant-Motors durchweg auf 2 beschränkt war, zu vergrößern und die Belastung des Motors im Normalflug nicht in die Gegend der Spitzenleistung zu legen.

Was den Typ anbelangt, ist man sich klar geworden, daß Bauarten wie der »Wren«, also »Segelflugzeuge mit Hilfsmotoren«, gar keine praktischen Aussichten und auch die übrigen Einsitzer-Bauarten nur sehr beschränkte haben.

In konstruktiver Hinsicht stellte der De Havilland D H 53 zweifellos den interessantesten Typ dar. Obwohl er im Wettbewerb keinen

Abb. 22. »Parnall Pixie« I. u. II.

besonderen Preis errang, konnte er doch wegen seiner hervorragenden konstruktiven Durchbildung und seiner fliegerischen Eigenschaften den Anspruch erheben, als bestes Gebrauchsflugzeug zu gelten. Diese Maschine ist, zusammen mit dem Parnall Pixie, in beschränktem Maße in die englische Fliegertruppe zu Ausbildungszwecken eingeführt worden und verdient als vorbildliche Einsitzerkonstruktion eine etwas eingehendere Beschreibung.

Das Flugzeug stellt einen der ersten in England gebauten Tiefdecker dar. Im äußeren Aufbau und in der konstruktiven Durchbildung der Einzelteile weicht es wenig von den bisher im allgemeinen Flugzeugbau üblichen Formen ab. An Stelle des 750 cm³-Douglas-Motors, den die Maschine während des Wettbewerbs besaß, wurde später der 698 cm³-Blackburne-Motor eingebaut, wobei sich die Flugleistungen wesentlich verbessert haben, obwohl sich das Gewicht um 13,5 kg erhöhte. Die Flügel sind rechteckig und an den Enden abgerundet. Die größte Dicke

Bezeich-nungs-Nr.	Flugzeug	Motor	Typ	Spann-weite m	Länge m	Flächen-tiefe m	Fläche m²	Leer-gewicht kg	Flug-gewicht kg	Flächen-be-lastung kg/m²
2, 19	Gnosspelius »Gull«	698 cm³ Blackburne	Eindecker	11,1	5,95	1,67 (max)	13,2	183	226	17,1
3, 4	E. E. C. »Wren«	398 cm³ A. B. C.	Eindecker	11,3	7,40	1,52 (max)	17,2	105	185	10,7
5, 11	Avro, Typ 558	500 cm³ Douglas	Doppeldecker	9,15	6,02	0,92	15,4	136	218	14,2
6	Avro, Typ 560	698 cm³ Blackburne	Eindecker	11,0	6,40	{ 1,63 / 0,92	12,8	129	213	16,6
7	Gloster »Gannet«	750 cm³ Carden	Doppeldecker	5,5	5,0	0,04	9,6	128	208	21,6
8, 12	De Havilland 53	750 cm³ Douglas	Eindecker	9,15	6,0	1,37	11,1	140	222	20
9	Parnall »Pixie« I	500 cm³ Douglas	Eindecker	8,85	—	—	—	—	—	—
10	Vickers »Vigt«	750 cm³ Douglas	Doppeldecker	7,6	5,36	1,30	18,6	179	260	14
13	Raynham (Handasyde)	750 cm³ Douglas	Eindecker	9,15	5,86	1,52	12,5	—	—	—
14	R. A. E. »Hurricane«	600 cm³ Douglas	Eindecker	7,0	5,38	1,47 (max)	7,4	—	236	32
15, 22	Peyret	750 cm³ Sergeant	Eindecker	10,0	7,0	—	14,9	—	—	—
16, 21	Poncelet	750 cm³ Sergeant	Eindecker	11,2	6,58	—	19,9	—	—	—
17, 18	A. N. E. C.	698 cm³ Blackburne	Eindecker	9,8	4,75	1,37	13,5	131	210	15,5
23	Handley Page	500 cm³ Douglas	Eindecker	11	5,64	{ 1,52 / 1,02	15,6	—	218	14
25	do.	398 cm³ A. B. C.	Eindecker	11	5,19	{ 1,52 / 1,02	14,6	—	195	13,3
26	do.	698 cm³ Blackburne	Eindecker	6,1	5,19	1,0	5,8	—	226	39

Für Nr. 24 (Parnall »Pixie II«) waren nähere Angaben nicht erhältlich, desgl. für die unter 1, 20, 27 und 28 gemeldeten Flugzeuge, die nicht in Lympne erschienen waren.

des Flügelprofils liegt etwa im ersten Drittel der Spannweite, wo die beiden Flügelstiele angreifen, welche den Flügel nach dem Rumpf zu versteifen. Das Profil ist aus dem bekannten englischen Flügelschnitt RAF 15 durch Vergrößerung der Ordinaten gewonnen. Das ursprüngliche Grundprofil befindet sich etwa an der Stelle, wo die gerade Vorderkante in die Abrundungskurve der Flügelenden übergeht. Bemerkenswert sind die großen Verwindungsklappen, die sich über ungefähr 70 vH der Flügelspannweite erstrecken. Die Flügelholme sind als Kastenträger aus Spruce-Gurten mit Sperrholzwänden hergestellt. Die Betätigung der Verwindungsklappen erfolgt mit Hilfe eines im Vorderteil des

Abb. 23. Vickers »Viget«-Doppeldecker.

Flügels eingebauten Kettenrades und einer exzentrisch an diesem Rade angreifenden Stoßstange aus Stahlrohr. Der Angriffspunkt der Stoßstange ist derart gewählt, daß die Klappen stärker nach oben als nach unten ausgeschlagen werden können. Bekanntlich kann durch das Herabziehen der Klappe in der Nähe des kritischen Anstellwinkels die Strömung zum Abreißen gebracht werden, und dadurch ein Umschlagen der gewollten Richtung des Steuermomentes eintreten. Anderseits wird auch die Seitensteuerung bei gleichmäßigem Querruder-Ausschlag vermindert, da auf der Seite der herabgezogenen Klappe eine Vergrößerung des induzierten Widerstandes und auf diese Weise ein verkehrt drehendes Seitmoment entsteht. Diesen Mängeln wird durch die erwähnte Differentialwirkung der Ruder abgeholfen, die sich in der

Tat in der Luft sehr gut bewährt hat. (Das Prinzip ist überdies nicht neu und war in ähnlicher Weise an dem deutschen »Taubentyp« in Anwendung.)

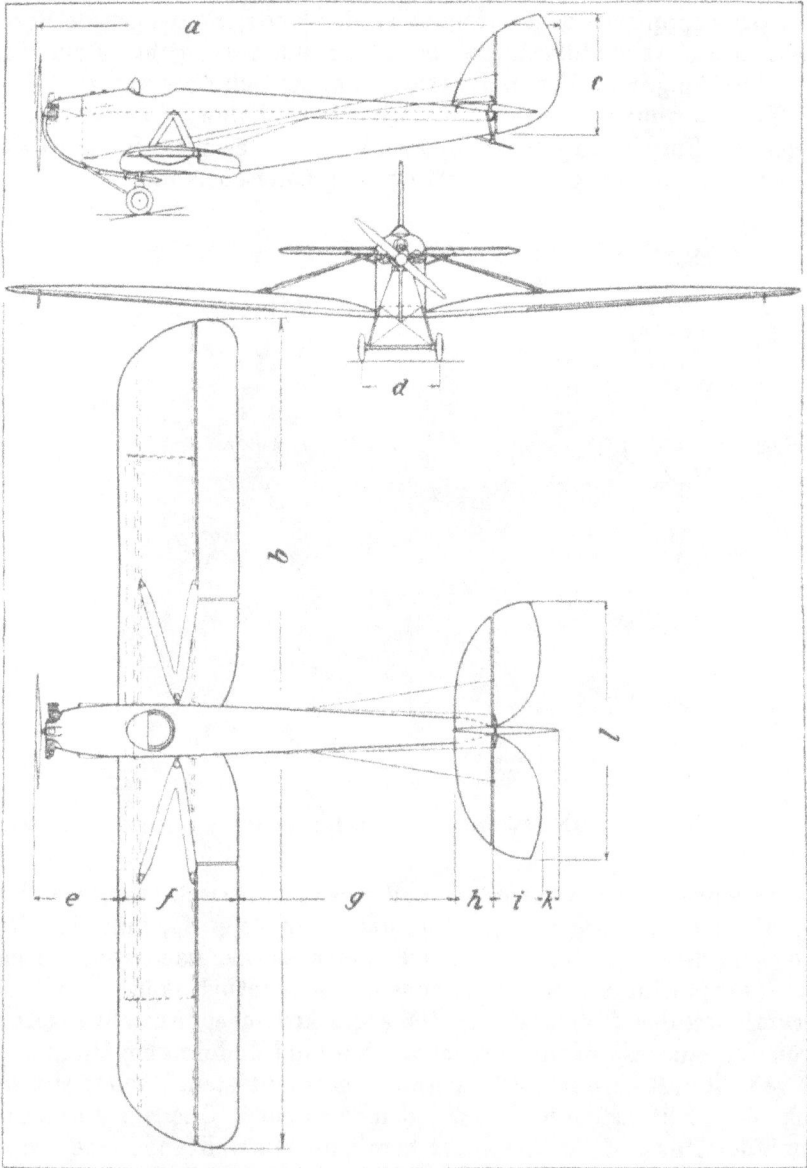

Abb. 24. D. H. 53.

$a = 6,000$ m, $b = 9,144$ m, $c = 1,295$ m, $d = 0,902$ m, $e = 0,965$ m, $f = 1,371$ m, $g = 2,475$ m, $h = 0,439$ m, $i = 0,556$ m, $k = 0,194$ m, $l = 2,800$ m.

Der vierkantige Rumpf ist ganz in Sperrholz hergestellt. Das Gerüst besteht aus vier Längsholmen, die durch wagrechte und senkrechte Stäbe miteinander verbunden sind. An Punkten, wo größere Kräfte angreifen, z. B. an dem Anschlußpunkt der Flügelstiele, sind die Holzstreben durch Stahlrohre ersetzt.

Das Leitwerk besitzt folgende Abmessungen:

Horizontale Dämpfungsflosse: 0,885 m²,
Höhenruder: 1,28 m²,
Seitenflosse: 0,22 m²,
Seitenruder: 0,74 m².

Das Fahrgestell zeigt den von De Havilland her gewöhnten Aufbau mit fester Achse, schwingbaren Vorderstreben und Gummipuffern in den hinteren Fahrgestellstreben. Ölpuffer sind nicht verwandt.

Abb. 25. D. H. 53.

Der Blackburne-Motor läuft im horizontalen Flug mit 3400 Umdrehungen, beim Ziehen geht die Drehzahl auf 3000 zurück. Der Propeller besitzt einen Durchmesser von 1,8 m, eine Steigung von 1,08 m und ist unmittelbar auf die Kurbelwelle aufgesetzt. (Es sind auch Schrauben mit einem Durchmesser von 2,12 m mit befriedigendem Ergebnis verwandt worden.)

Der unmittelbar hinter dem Motor eingebaute Benzintank faßt 9,6 l. Der Brennstoff fließt dem Vergaser durch natürliches Gefälle zu. Der Auspuff wird mittels eines zweiarmigen Rohres unter den Rumpf geleitet. Diese Anordnung bewirkt eine starke Dämpfung des Motorgeräusches.

Flugleistungen der Maschine[1]):

Größte Horizontalgeschwindigkeit in Bodennähe: 117,5 km/h,
Geschwindigkeit im Sparflug: 96,5 km/h,
Geschwindigkeit in 2000 m Höhe: 109,5 km/h,

---

[1]) Ähnlich ausführliche Leistungsangaben liegen bisher über deutsche Leichtflugzeuge nicht vor.

Horizontalgeschwindigkeit beim Steigen: 67,5 km/h.

Steigzeit auf 3048 m Höhe: 38,5 min,

Steiggeschwindigkeit in Bodennähe: 1,21 m/s,

Steiggeschwindigkeit in 3000 m Höhe: 0,815 m/s,

Gipfelhöhe: 4570 m,

Startlänge (bei ruhiger Luft): ungefähr 96 m,

Landegeschwindigkeit: 53 km/h,

Benzinverbrauch 3,7 l/h (Sparflug).

Bei den angeführten Flugleistungen betrug das Fluggewicht der Maschine 227 kg (Leergewicht mit vollen Tanks: 155 kg). Die angegebenen Flugleistungen sind unkorrigierte Beobachtungswerte. Die Temperaturen in den verschiedenen Höhenschichten hatten folgende Werte:

Abgelesene Höhe m	Temper. Grad C.
915	— 2,5
1525	— 5,5
2420	— 12,0
3048	— 15,0.

Außer der erwähnten Einführung einiger De Havilland und Parnall Pixie in die englische Fliegertruppe hat sich ein größerer Absatz von einsitzigen Leichtflugzeugen in England nicht entwickeln können, da einesteils die Anschaffungskosten für den in Frage kommenden Kreis flugsportlich interessierter Privatleute noch zu hoch sind, und weil sich Einsitzer nicht für die Entwicklung eines auf vereinsmäßiger Grundlage betriebenen Flugsportes eignen. Es fehlt die Ausbildungsmöglichkeit. Dazu kommt der Mangel an geeigneten Flugplätzen in England. Von den erfolgreichen Maschinen des ersten Wettbewerbes zu Lympne sind daher nur vier Stück in private Hände übergegangen, und zwar je ein D H 53, ein Parnall Pixie, ein A N E C und ein Avro.

β) Der zweite Wettbewerb in Lympne.

Der zweite Wettbewerb, der im Oktober 1924 stattfand, war ausschließlich auf die Entwicklung leichter Zweisitzer zugeschnitten. Die Ausschreibungen verlangten Zweisitzer mit Doppelsteuerung, die das Lufttüchtigkeitszeugnis des Flugministeriums (aerworthiness certificate) besitzen und ihre fliegerische Eignung durch vorhergehende Probeflüge beweisen mußten. Der Motor durfte ein Hubvolumen von 1100 cm³ nicht überschreiten. Es wurden ferner leichte Auf- und Abrüstung und Unterbringung in kleinem Raum in abgerüstetem Zustande gefordert. Die sehr strenge fliegerische Prüfung sah eine Punktwertung für Geschwindigkeit, Steigflug, Geschwindigkeitsbereich, An- und Auslauf vor. Gewertet wurde in erster Linie der Geschwindigkeitsbereich des Flugzeuges auf Grund folgender Wertungsformel:

$$\frac{v^{max} - v^{min}}{v_{min}} = 0{,}33.$$

Die Höchstgeschwindigkeit durfte 96 km/h nicht unter- und die Minimalgeschwindigkeit 72,5 km/h nicht überschreiten. Für jedes Prozent, das die geforderte Mindestleistung der Formel überschritt, wurde 8 Punkte gewertet.

Der Aufstieg- und Landewettbewerb setzte folgende Bedingungen:

a) Start und Überfliegen einer Barriere von ungefähr 7,6 m Höhe, wobei die Entfernung des Abflugpunktes von der Barriere gewertet wurde. Die Grundentfernung betrug dabei 450 Yards, wobei für jeden Yard, der diesen Betrag unterschritt, ein Punkt gewertet wurde.

Abb. 26. D. H. 53.

b) Gerade Landung über einer Barriere von 1,83 m Höhe, wobei der kürzeste Auslauf gewertet wurde. Die Grundentfernung betrug hierbei 150 Yards und jeder Yard, der diese Entfernung unterschritt, wurde mit einem Punkt gutgeschrieben.

Für die Betriebssicherheit war die größte während des Wettbewerbs zurückgelegte Rundenzahl maßgebend. Als Minimum waren 640 km gefordert.

Die Höchstgeschwindigkeit wurde in einem Dreieckflug geprüft durch zwei getrennte Flüge von je 120 km Strecke. Die Pause zwischen beiden Flügen durfte lediglich zum Auffüllen von Betriebsstoff benutzt werden. Die Flugstrecke führte über die gleichen Punkte wie im Vorjahr, jede Runde hatte eine Länge von ungefähr 20 km.

Die Minimalgeschwindigkeit wurde durch Abfliegen einer geraden Strecke von 500 Yards Mindestlänge bestimmt. Die Breitenausdehnung von 25 Yards war durch rote Flaggen markiert und durfte nicht überschritten werden. Diese Prüfung verlangte ein zweimaliges Abfliegen der Strecke in beiden Richtungen in einer Höhe von weniger als 20 Fuß. Aus den erzielten Geschwindigkeiten (nicht aus den Zeiten!) wurde ein Mittelwert gebildet.

Alle Flugzeuge mußten sich einer Vorprüfung unterziehen, die folgende Bedingungen stellte:

Unterbringung des Flugzeugs in einem Zelt, dessen Eingang 3 m lichte Weite besaß. Bei der Aufrüstung durften nur zwei Personen tätig sein. Die Montagezeit war auf zwei Stunden beschränkt.

Abb. 27. »Wee Bee« von Beardmore.

Der Nachweis der Steuerbarkeit von beiden Sitzen aus mußte durch je einen Flug von einer Runde und einer Acht über dem Flugplatz erbracht werden.

Die Vorprüfung mußte innerhalb der beiden ersten Tage des Wettbewerbs erledigt sein.

Während im Vorjahre die Eindecker deutlich überwogen, waren in diesem Jahre Ein- und Zweidecker fast gleichmäßig beteiligt. Der Grund dafür ist, abgesehen von der an sich stärkeren Neigung der englischen Konstrukteure zur Doppeldeckerbauart wohl darin zu suchen, daß die meisten Konstrukteure glaubten, auf diese Weise die geforderte Bedingung hinsichtlich der Minimalgeschwindigkeit besser erfüllen zu können. Man glaubte, sicherer zu gehen, wenn man ein dünnes Profil zugrunde legte, über dessen Verhalten hinsichtlich des Höchstauftriebs bestimmte Erfahrungen vorlagen, und nahm dafür die Vergrößerung der Tragfläche in Kauf. Auf der andern Seite besteht ein in manchen Fällen sicherlich nicht ganz unbegründetes Mißtrauen, ob die höheren Auftriebsbeiwerte des dickeren Profils nicht durch irgendwelche Kennwerteinflüsse bei der praktischen Ausführung vermindert werden.

Die Flugzeuge in Lympne 1924.

Nr.	Name	Hersteller	Type	Länge m	Spann- weite m	Trag- fläche qm	Leer- gewicht kg	Gesamt- gewicht kg	Motor
1	Brownie I .	Bristol Aeropl. Co. . . .	E	7,97	11,12	16,5	227	390	Br. C.
2	Brownie II .	Bristol Aeropl. Co. . . .	E	9,97	10,5	16	227	396	Br. C.
3	Cranwell . .	Cranwell Light' Plane Club	D	7,07	9,03	20,6	234	444	Br. C.
4	Wee Bee I .	William Beardmore & Co., Ltd.	E	6,75	11,5	17,4	210	380	Br. C.
5	Wood Pigeon	Westland Aircraft Works	D	5,927	6,93	14,4	200	354	Br. C.
6	Widgeon . .	Westland Aircraft Works	E	6,39	9,35	13,45	216	406	Bl.
7	A.N.E.C. II.	Air Navigation & Eng. Co., Ltd.	E	6,272	11,5	17,15	208	377	A.
8	Satellite . .	Short Bros., Ltd.	E	7,23	10,3	15,6	290	467	Br. C.
9	Sparrow . .	Supermarine Aviation Wks., Ltd.	D	6,89	10,10	23,7	240	410	Bl.
10	Avis	A. V. Roe & Co., Ltd. . .	D	7,3	9,125	23,6	250	416	Br. C.
11	Avis	A. V. Roe & Co., Ltd. . .	D	7,3	9,125	23,6	250	416	Bl.
12	Bluebird . .	Blackburn Aeroplane & Motor Co., Ltd. . . .	D	6,583	8,5	22,5	225	395	Bl.
13	—	Frank Ernest Reine . .	E	6,608	11,5	16,3	—	—	—
14	Cygnet I . .	Hawker Eng. Co.	D	6,2	8,5	15,3	172	340	A.
15	Cygnet II .	Hawker Eng. Co.	D	6,2	8,5	15,3	174	342	A.B.C.
16	Vagabond .	Vickers Ltd.	D	6,633	8,5	21,8	194	402	Br. C.
17	Pixie III . .	G. Parnall & Co.	E	6,44	9,88	12,7	209	376	Br. C.
18	Pixie III A .	G. Parnall & Co.	D	6,44	9,88	22,05	236	405	Br. C.
19	Pixie III A .	G. Parnall & Co.	D	6,44	9,88	22,05	250	416	Bl.

E = Eindecker. D = Doppeldecker.

Letzte Spalte: A. = Anzani. A.B.C. = A.B.C. Bl. = Blackburne. Br. C. = Bristol Cherub.

Auffällig war bei allen Maschinen, daß sie durchweg weniger nach den Gesichtspunkten billiger Fabrikation als auf die Erringung von Punkten hin konstruiert waren. Die Konstrukteure haben hierbei grund-

Abb. 28. Sopwith-Hawker, Leichtflugzeug.

sätzlich zwei von einander abweichende Wege eingeschlagen. Die eine Richtung verrät sehr deutlich eine Einstellung nach modernen deutschen Richtlinien, die dahin zielen, die aerodynamischen Eigenschaften möglichst hoch zu züchten. Typische Beispiele dieser konstruktiven Richtung sind der We Bee-Eindecker von Beardmore und der ANEC-Eindecker, die beide vom gleichen Konstrukteur (Shackleton) stammen.

Die andere, typisch »englische« Richtung vernachlässigt etwas die aerodynamische Seite und geht mehr darauf aus, das Baugewicht zu vermindern. Der gegebene Weg für diese konstruktive Richtung ist der verspannte Doppeldecker mit dünnem Profil. Kennzeichnende Vertreter dieses Prinzips sind der Doppeldecker »Cygnet« von Hawker, der Avro-Doppeldecker »Avis« und der Vickers »Vagabond«

Abb. 29. Sopwith-Hawker im Fluge.

Doppeldecker. Alle Doppeldecker (und ein Eindecker) waren mit Flügelklappen versehen, die über die ganze Spannweite verliefen und gleichzeitig zur Wölbungsvergrößerung und zur Quersteuerung dienten.

Von besonderem Interessé ist die Tatsache, daß drei Maschinen in weitgehendem Maße aus Leichtmetall aufgebaut waren, eine Maschine zeigte sogar vollkommene Leichtmetallausführung (Bristol Brownie Eindecker).

Die Sitze waren mit zwei Ausnahmen (Cranwell und Blackburne Doppeldecker) hintereinander angeordnet.

Es stand von vornherein fest, daß der Erfolg in entscheidender Weise von der Zuverlässigkeit und Betriebssicherheit des Motors abhängen mußte. Die Forderungen, die an die Leistungsfähigkeit des Motors gestellt wurden, waren außerordentlich hart.

Auf Grund der Ausschreibungen des Luftministeriums, die für den Motor das sogenannte airworthiness certificate verlangten, kam zunächst nur der Bristol »Cherub« in Frage. (Abb. 32 und 33). Wenn auch die Leistung ursprünglich noch nicht genügte, um den Anforde-

Abb. 30. »Avis«, Doppeldecker von Avro.

rungen des Wettbewerbs gerecht zu werden und noch einer gewissen Steigerung bedurfte, so besaß dieser Typ doch anderen, noch im Versuchsstadium befindlichen Motorbauart gegenüber einen beträchtlichen kon-

Abb. 31. Short »Satellite«.

struktiven Vorsprung. Die Folge davon war, daß die anderen Fabriken gar nicht ernstlich daran dachten, mit dem »Cherub« in Wettstreit zu treten. Es wären daher wohl alle Maschinen nur mit dem »Cherub«

3*

ausgerüstet worden, wenn es der Firma gelungen wäre, rechtzeitig allen Bestellungen gerecht zu werden. Als sich die Unmöglichkeit herausstellte, ließ das Luftministerium seine ursprüngliche Forderung fallen und ließ alle anderen Motoren zum Wettbewerb zu. Auf diese Weise kam es, daß noch andere Typen zur Anwendung gelangten, B l a c k b u r n e , A n z a n i und A B C - »S k o r p i o n «, die sich aber alle, mit Ausnahme des letzteren, noch stark im Versuchs=Stadium befanden. Es erschien daher von vornherein zweifelhaft, ob diese Motoren in der Lage waren, der harten Belastungsprobe des Wettbewerbs standzuhalten.

Der B r i s t o l »C h e r u b « besitzt zwei gegenüberliegende Zylinder von 85 mm Bohrung und 96,5 mm Hub. Das Kompressionsverhältnis

Abb. 32. Bristol »Cherub« Leichtmotor.

beträgt 5:1. Er leistet 22 PS bei 2500 Umdr. und 34 PS bei 4000 Umdrehungen. Das Gehäuse und die abnehmbaren Zylinderköpfe bestehen aus einer Aluminium-Legierung, die Zylinder aus Stahl. Ohne Öl wiegt der Motor 37,7 kg. Mit Getriebe (Übersetzung 1:2) beträgt sein Gewicht 47,5 kg. Der Benzinverbrauch beträgt etwa 6,4 l/h.

Der A B C - »S k o r p i o n « ist ein veränderter Wagen-Motor, ebenfalls mit zwei gegenüber liegenden Zylindern. Hub und Bohrung betragen 91,5 mm bzw. 87,5 mm. Er leistet bei 3000 Umdr. 30 PS. Die Ventile sind hängend in den abnehmbaren Zylinderköpfen angeordnet und werden durch Schwinghebel und Stößel gesteuert. Das Gewicht beträgt 42,3 kg.

Über die anderen Motore waren bisher nur unvollständige Angaben erhältlich. Der britische Anzani-Motor besitzt zwei Zylinder in V-förmiger Anordnung. Jeder Zylinder hat vier Ventile, die hängend im Ventilkopf angeordnet sind und durch Schwinghebel gesteuert werden. Der Blackburne-Motor besitzt drei Zylinder in der bekannten Y-Anordnung und soll 38 PS bei 3800 Umdr. leisten.

Alle Konstrukteure bevorzugten den direkten Antrieb der Schraube, nur der Avro-Doppeldecker »Avis« besaß einen untersetzten »Cherub«-Motor. Von der Kettenübersetzung ist man vollkommen abgekommen.

Abb. 33. Bristol »Cherub« Leichtmotor.

Zu den in den Abbildungen wiedergegebenen kennzeichnenden Bauarten ist im einzelnen noch folgendes zu bemerken:

We Bee von Beardmore (Bristol »Cherub«). (Abb. 34). Die sorgfältige aerodynamische Formgebung und die verhältnismäßig große Spannweite sichern der Maschine einen großen Leistungsüberschuß. Die beste Gleitzahl soll auf Grund von englischen Modellmessungen für die komplette Maschine den Wert 1/16,8 erreichen. Angeblich soll die Maschine eine Höchstgeschwindigkeit von 140 km/h besitzen. Die rechteckigen Flügel besitzen ein bis in die Nähe der Flügelenden gleichmäßig durchlaufendes Profil mittlerer Dicke. Die Innenversteifung des Flügels erfolgt durch eine Sperrholzbeplankung inerhalb des zwischen den Flügelstielen liegenden Teiles der Flügelspannweite. Die für den Kopf des vorderen Insassen notwendigen Aussparung in der Flügelvorderkante ist sehr

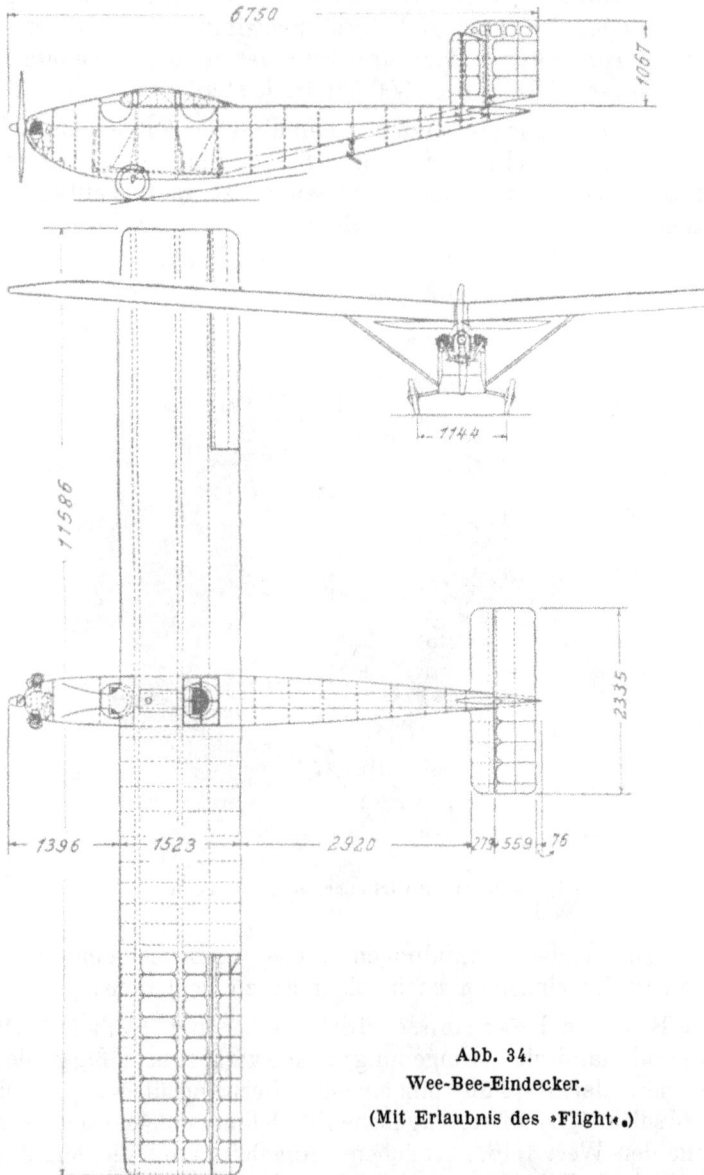

Abb. 34.
Wee-Bee-Eindecker.
(Mit Erlaubnis des »Flight«.)

sorgfältig abgedeckt. Die Holme der beiden Flügelhälften stoßen stumpf an zwei Hauptspanten des mit einem kammartigen Aufsatz versehenen Sperrholzrumpfes an und werden dort mittels einfacher Beschläge verbolzt. In zwei nachstellbare Flügelstiele verstreben die Flügel nach der Unterkante des Rumpfes hin. Die Seitenflosse, deren Vorderteil fest und

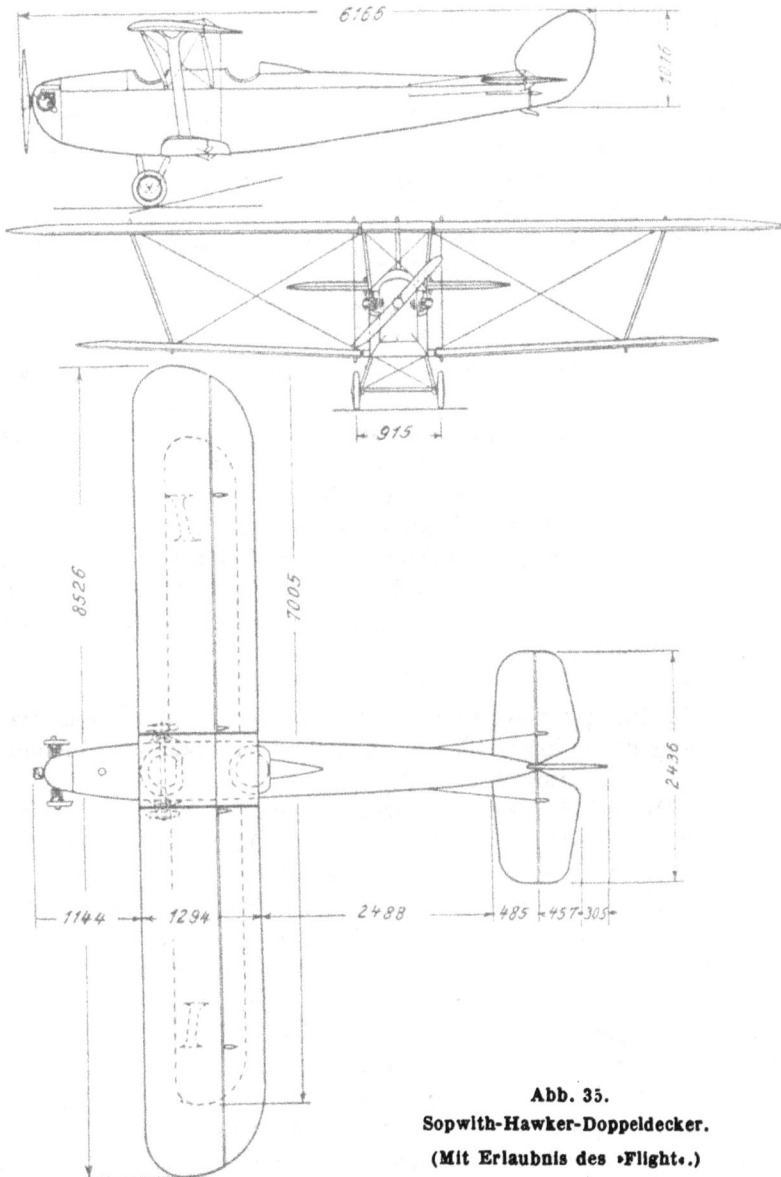

Abb. 35.
Sopwith-Hawker-Doppeldecker.
(Mit Erlaubnis des »Flight«.)

organisch mit dem Rumpfaufbau verwachsen ist, ist zweiteilig ausgeführt, wobei der hintere, das Seitenruder tragende Teil mittels Düwel angesetzt wird. Anscheinend soll auf diese Weise die Verdrehungssteifigkeit des gesamten Seitenleitwerks erhöht werden. Die Fahrgestellachse besteht lediglich aus einem Chromnickelstahlrohr, dessen aus dem Rumpf herausragende Enden etwas nach unten gebogen sind. Auf irgendwelche Abfederung, abgesehen von der Elastizität der Achse selbst, ist verzichtet worden.

Sopwith-Hawker-Doppeldecker (ABC-»Skorpion« und Anzani-Motor). (Abb. 35). Dieses Flugzeug ist ein besonders kennzeichnender und konstruktiv hervorragend durchgeführter Vertreter der zahlreichen Doppeldeckerbauarten. Das geringe Leergewicht fällt besonders auf. Die Zelle wiegt ohne Motor und Betriebsstoffe nur 122,5 kg bzw. mit Motor rund 165 kg. Der Rumpf ist als verstrebter Gitterträger im Dreieckverband aufgebaut und mit Stoff überzogen. Rumpf, Holme und Streben sind zur Gewichtserleichterung X-förmig ausgefräst. Der Unterflügel besitzt geringere Spannweite und wesentlich verkleinerte Flächentiefe verglichen mit dem Oberflügel. Die Flügel sind im Grundriß rechteckig mit abgerundeten Enden und besitzen einen dünnen Flügelschnitt. Der Oberflügel ist mit einer über die ganze Spannweite hin verlaufenden Klappe versehen, die sowohl zur Auftriebserhöhung beim Landen als auch zur Quersteuerung dient. Die Holme haben Kastenquerschnitt, die Rippen sind im Dreieckverband mit Knotenblechen aus Sperrholz aufgebaut. Vier Baldachin-Streben aus Stahlrohr stützen den Oberflügel gegen den Rumpf ab. Der Unterflügel wird an kurze Flügelstummel des Rumpfes angeschlossen. Die Zelle wird an den Flügelenden durch je einen aus Spruce verstrebt und ist diagonal verspannt.

Die Sitze sind hintereinander angeordnet. Benzin- und Öltank liegen unter der Rumpfverkleidung, unmittelbar hinter dem Motor-Spant. Die Ausführung des Fahrgestells ist normal, zwei diagonal verspannte V-Streben mit in Gummiringen aufgehängter Achse.

Parnall Pixie III (Bristol »Cherub«). (Abb. 36). Dieses Flugzeug ist ein Beispiel für die verstrebte Tiefdeckerbauart. Das Flugzeug kann durch Hinzufügung eines Oberflügels sehr schnell in einen Doppeldecker verwandelt werden. Diese Möglichkeit ist anscheinend jedoch nur mit Rücksicht auf die Punktwertung des Wettbewerbs und vielleicht für gelegentlichen Gebrauch, nicht aber für die allgemeine Verwendung des Flugzeugs in Betracht gezogen. Im äußeren Aufbau gleicht das Flugzeug dem vorjährigen Eindecker, jecoch sind die Flügelstiele neuerdings V-förmig ausgeführt. Der Flügel besitzt bis zur halben Spannweite gleiches Profil. Von hier ab verjüngt sich das Profil nach den Flügelenden zu. Der Flügelbau entspricht der vorjährigen Maschine: Die beiden Holme laufen bis zur Mitte der Spannweite parallel. Der Hinterholm läuft dann im stumpfen Winkel auf den Vorderholm zu und trifft ihn im Flügelende. Auf diese Weise soll die Verdrehungssteifigkeit des Flügels erhöht werden. Bemerkenswert ist, daß die Flügelstiele nicht wie sonst allgemein üblich an den Holmbeschlägen angreifen, sondern am Beschlag der Di-

stanzrohre der Innenverspannung, um eine Verdrehung der Holme und ein
zusätzliches Biegungsmoment zu vermeiden. Die Flügelanschlußbeschläge

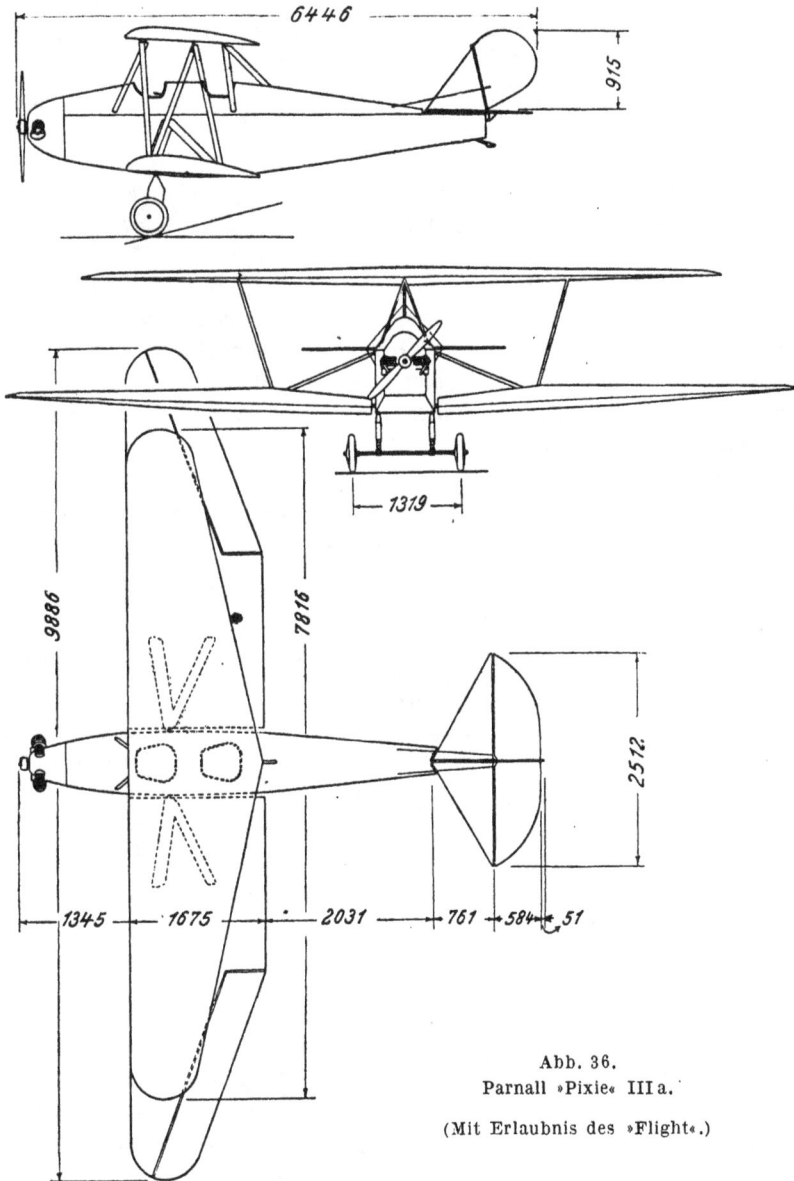

Abb. 36.
Parnall »Pixie« III a.

(Mit Erlaubnis des »Flight«.)

greifen am unteren Gurt des Holmes ein. Nach Lösen der Flügelstiele und
des hinteren Flügelanschlusses kann der Flügel um den als Kardangelenk
ausgebildeten vorderen Anschlußpunkt nach oben gedreht und nach hinten

an den Rumpf herangeklappt werden. Der Rumpf ist als Gitterträger im
Dreieckverband ohne Verspannung aufgebaut und mit Stoff überzogen.
Das Fahrgestell zeigt die gleiche einfache Form des Vorjahres, jedoch sind
diesmal an den beiden frei aus dem Rumpf herausragenden Fahrgestellstreben teleskopartig wirkende Ölstoßdämpfer eingebaut.

Der Westland »Widgeon« (Blackburne) (Abb. 37) ist das einzige
Beispiel für die Schirmeindeckeranordnung der Flügel. Die Sicht aus beiden
Sitzen ist noch dadurch besonders verbessert, daß die Flügeldicke und
die Flügeltiefe sich nach dem Rumpf zu verjüngen. Die Flügel sind nach
der Unterkante des viereckigen Rumpfes zu durch je ein Paar V-Stiele
abgestrebt und können nach Lösung des vorderen Anschlußpunktes
in äußerst einfacher Weise nach hinten geklappt werden. Die Verwindungsklappen verlaufen über die ganze Spannweite hin. Beim
Flügelaufbau sind die Holme als Gitterträger ausgebildet. Der Rumpf ist
in normaler Holz-Draht-Ausführung aufgebaut und mit Stoff überzogen.
Das Fahrgestell besitzt Stoßdämpfer in den vorderen Streben.

Die Vorprüfungen konnten innerhalb der vorgeschriebenen Zeit
nur von 8 Teilnehmern erfüllt werden. Auf diese Weise schied eine ganze
Reihe aussichtsreicher Flugzeuge aus dem Wettbewerb aus, die mit ihren
teilweise noch gänzlich unerprobten Motoren Schwierigkeiten hatten.

Die Leistungen der übrigen am Hauptwettbewerb beteiligten Flugzeuge sind in der nachstehenden Zahlentafel zusammengefaßt:

Flugzeug	Geschwindigkeit max.[1] km/h	min. km/h	Abflug-strecke m	Lande-strecke m	Gesamtflugleistung km	st	min	sec
Wee Bee	128	63,6	214,5	113,2	1185	11	54	41
Brownie I	106,8	62,3	196,5	94	825	10	21	25
Cygnet II	114,8	60,2	228,5	66,5	764	10	24	40
Cygnet I.	115	70,5	246	61	644	8	22	53
Pixie III a	100	59,75	275	64	724	10	4	35
Cranwell.	—	—	—	90,8	1224	17	53	18
Wood Pigeon . .	95	—	—	—	205	2	31	37

[1] für eine Runde

Von entscheidender Bedeutung erwies sich für alle Teilnehmer die
Prüfung der Höchstgeschwindigkeit. Die dabei zweimal hintereinander
zurückzulegende Flugstrecke von je 120 km Länge stellte zweifellos die
härteste Anforderung an die Motoren. Es ist daher wohl kein reiner Zufall,
daß die Maschine den Sieg davon trug, die auf Grund ihrer sorgfältigen
aerodynamischen Formgebung über den geringsten Leistungsbedarf und
damit über den größten Leistungsüberschuß verfügte.

Es soll an dieser Stelle die Frage nicht näher untersucht werden,
ob der englische Wettbewerb wirklich dazu beigetragen hat, ein zweckmäßiges, billiges und leichtes Schulflugzeug heranzubilden. Zweifellos

varen die meisten Maschinen mehr dem Buchstaben als dem eigent-
lchen Sinn der Ausschreibung gemäß konstruiert. Das siegreiche Beard-
nore-Flugzeug ist alles andere als ein geeignetes Schulflugzeug, vor allem

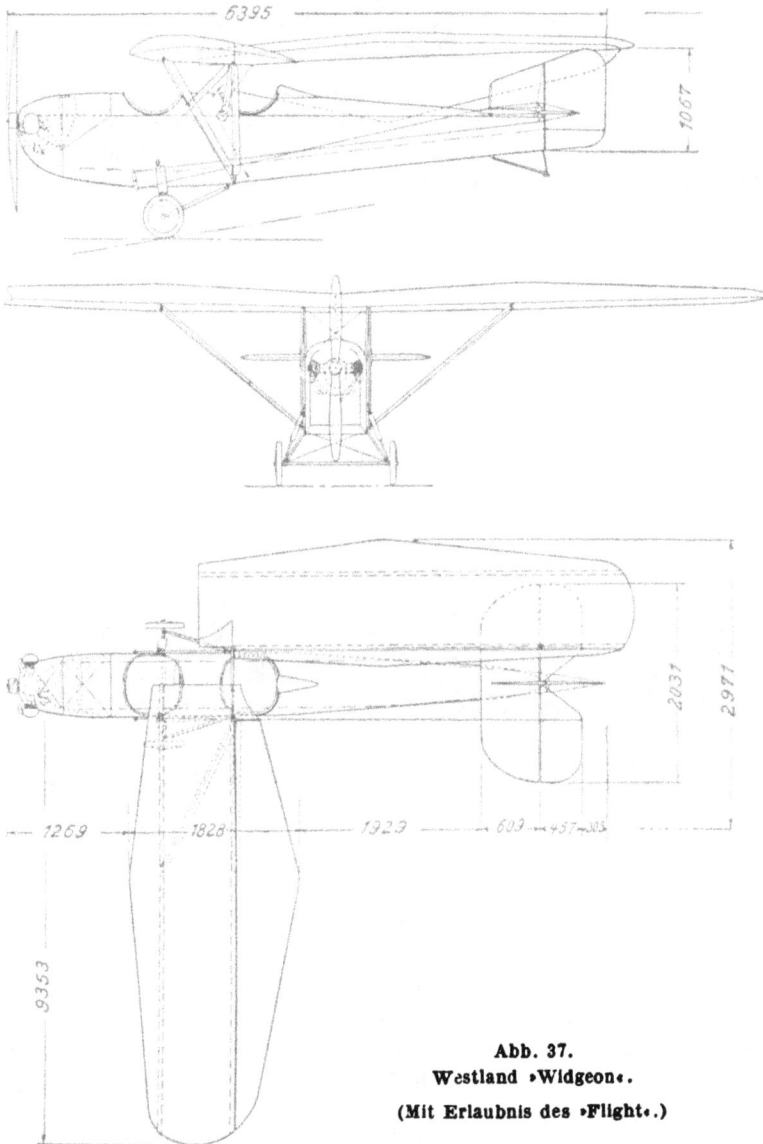

Abb. 37.
Westland »Widgeon«.
(Mit Erlaubnis des »Flight«.)

mit Rücksicht auf die unbequeme Ausbildung der Sitze, die beschränkte
Scht vom hinteren Sitz und die schlechte Verständigungsmöglichkeit
zwischen Lehrer und Schüler. Anderen Bauarten gegenüber, bei denen

diese Fragen zweckmäßiger gelöst waren, ist der Einwand zu machen, daß man bei ihrer konstruktiven Durchbildung die Gesichtspunkte billiger und zweckmäßiger Fertigung nicht in genügendem Maße beachtet hat, um niedrige Anschaffungskosten zu erzielen. Es wäre daher verfehlt, die Bauarten des englischen Wettbewerbs unmittelbar als technische Vorbilder für Konstruktion und Fabrikation anzunehmen.

Die unverkennbare, große technische Bedeutung des Wettbewerbs auf die Entwicklung des Leichtflugzeugbaues, die zu dieser ausführlichen Betrachtung veranlaßt hat, beruht in der Feststellung und dem praktischen Nachweis, daß es durchaus möglich ist, leichte Zweisitzer von

Abb. 38. Parnall Pixie IIIa bei der Prüfung der Kleinstgeschwindigkeit.

etwa 30—40 PS Leistung und etwa 220—250 kg Leergewicht zu bauen, deren Flugeigenschaften für den praktischen Gebrauch als Sport- oder Ausbildungsflugzeuge durchaus genügen.

Die von verschiedener englischer Seite aus heftig angegriffene Beschränkung des Hubvolumens der Motore auf 1100 cm³ erwies sich insofern als zweckmäßig, als sie die konstruktiven Probleme für den Flugzeugkonstrukteur und damit auch die technischen Leistungen erheblich höher schraubte als es bei Zulassung stärkerer Motoren mit größerem Hubvolumen der Fall gewesen wäre. Anderseits hat diese Bestimmung natürlich für den Leichtmotorenbau selbst zur Folge gehabt, daß die Entwicklung auf diesem Gebiete nicht wesentlich weiter gekommen ist. Jedenfalls denkt kein vernünftiger Fachmann in England auf Grund der

Ergebnisse von Lympne ernstlich daran, einen Motor von 1100 cm³ als den idealen Leichtflugmotor zu bezeichnen. Insofern ergibt sich demnach für die zukünftige Ausschreibung von Leichtflugzeugwettbewerben im Interesse der Leichtmotorenentwicklung die wesentliche Lehre, den Motorenbauern in keiner Weise die Hände zu binden, es sei denn, durch eine Beschränkung des Höchstgewichtes des Flugzeugs einschließlich der Betriebsmittel für eine bestimmte Flugdauer, die implizit natürlich das Gewicht des Motors und den zulässigen Brennstoffverbrauch einschließt. Die Gewichtsbeschränkung ist nötig, um den Charakter des Leichtflugzeuges zu wahren. Die aus einer derartigen Abgrenzung sich für das zulässige Motorengewicht und den Brennstoffverbrauch ergebenden Möglichkeiten umreißen das Aufgabengebiet des Motorenkonstrukteurs eindeutig und scharf genug. Wir finden daher die Zweckmäßigkeit der in der Einleitung vorgeschlagenen Gewichtsbegrenzung ohne Berücksichtigung der effektiven Leistung durch Erfahrungen der Praxis bestätigt.

Abb. 39. Westland »Widgeon«.

d) Übriges Ausland.

In Amerika ist die Leichtflugzeugbewegung noch zu sehr im Fluß, als daß man etwas Bestimmtes über die Einstellung sagen könnte. Bis April 1924 sind »Aviation« zufolge von zumeist privaten Konstrukteuren etwa 5 Leichtflugzeugtypen mit Motorrad-Motoren (Indian, Harley Davidson, Ace) gebaut worden. Von den älteren, in die Jahre 1919 und 1920 zurückreichenden Vorläufern ist anscheinend nur der »Bellanka«-Doppeldecker von Maryland (180 kg Leergewicht, 35 PS Anzani-Motor) zum Fliegen gekommen.

Die gleichen Kreise, die sich vergeblich bemüht haben, den Segelflug in Amerika einzuführen, suchen jetzt für das Leichtflugzeug Stimmung zu machen. Die Widerstände beruhen anscheinend einerseits in einer gewissen Verständnislosigkeit vieler maßgebender Kreise gegenüber den Zielen des Leichtflugzeuges. Überhaupt ist in Amerika die Entwick-

lung des Flugzeugbaues nach der sportlichen und verkehrsmäßigen Seite
hin im Vergleich mit anderen Ländern überraschend im Rückstand.
Trotz des höheren allgemeinen Wohlstandes ist das Interesse am Flugzeug
und am Fliegen verhältnismäßig gering. Die Veranstaltung von Wettbewerben, die auf Züchtung praktisch brauchbarer »all round«-Maschinen

Abb. 40. Westland »Widgeon«.

hinauslaufen, finden wenig Interesse beim Publikum, das auf die Sen-
sation der reinen Geschwindigkeitsprüfung eingestellt ist. Soweit von
einer konstruktiven Entwicklung heute schon die Rede sein kann, steht
sie noch durchaus auf dem Einsitzerstandpunkt, bedingt durch den Mangel
an geeigneten amerikanischen Leichtmotoren. Die Leistung neu heraus-

Abb. 41. Westland »Wood Pigeon«.

gekommener spezifischer Leichtmotore, z. B. des vom Air Service konstruierten und von der Steel Production Engeneering Co. (15 PS bei
2200 Umdr. und 23 kg Gewicht) gebauten Motors ist für Zweisitzer unzu-
reichend.

Bemerkenswert ist die Anwendung einer Reed-Metall-Schraube an
dem Eindecker von Mummert, der einen Harley Davidson-Motor besitzt.

Auch im übrigen Ausland hat die Leichtflugzeugbewegung vereinzelt Fuß gefaßt, Holland: van Carley, Tschecho-Slowakei: Avia-Tief-
decker, Italien: Pegna »Rondine« mit 400 cm³ ABC-Motor, Spanien:
»Alfaro II«, Zweidecker mit Bristol »Cherub«, Finnland: Adaridy mit
12 PS Salmson-Motor.

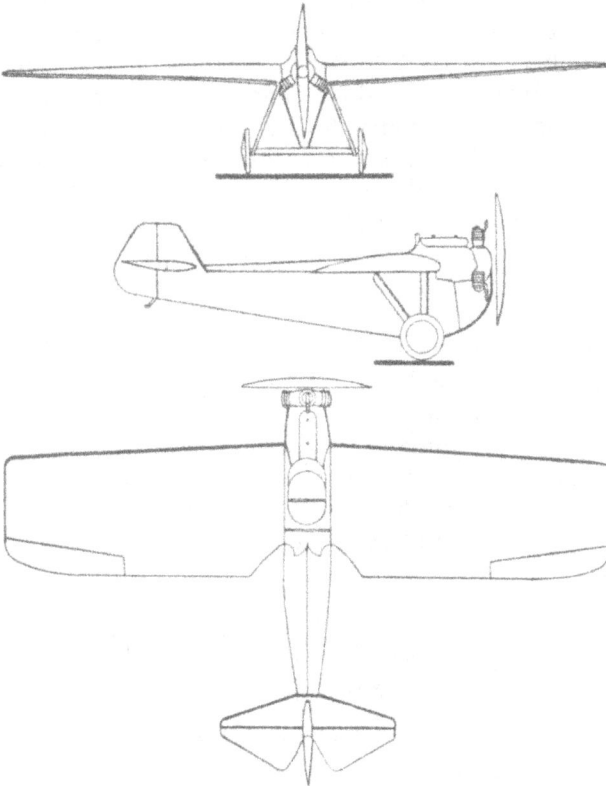

Abb. 42. Eindecker »Van Carley«.

III. Aerodynamische Grundlagen.

Die richtige Abschätzung der aerodynamischen Bedingungen spielt
beim Entwurf von Leichtflugzeugen eine wichtige Rolle, da diese im
allgemeinen mit einer Leistungsbelastung arbeiten, die sonst im Flugzeugbau nicht oder nur selten erreicht wird. Das Streben nach genügendem Leistungsüberschuß zwingt dazu, die reine Schwebearbeit durch
möglichst vollkommene aerodynamische Formgebung auf ein Mindest-
maß herabzusetzen.

Die Grundlagen für die theoretische Betrachtungsweise und aerodynamische Berechnung sind zwar durchaus bekannt und an verschiedenen Stellen niedergelegt, es sei vor allen Dingen auf die Arbeiten der Göttinger Schule und auf das bekannte Werk von Fuchs und Hopf »Aerodynamik« hingewiesen. Es erscheint jedoch zweckmäßig, einige grundlegende Betrachtungen über das Wesen der verschiedenen Widerstände und einige einfache mechanische Ableitungen sowohl für die überschlagsmäßige als auch für die genauere Berechnung der Flugleistungen zur einheitlichen Abrundung dieses Abschnitts zu bringen. Man macht sehr häufig in der Praxis die Erfahrung, daß viele Konstrukteure mit komplizierten Umrechnungsformeln arbeiten, ohne ein klares Bild von den physikalischen Vorgängen zu haben.

Eine besonders wichtige Rolle spielt beim Leichtflugzeug die zweckmäßige Ausbildung der Steuerflächen, insbesondere mit Rücksicht auf die diesen Flugzeugen eigentümlichen verhältnismäßig geringen Landegeschwindigkeiten.

Von großer, oft unterschätzter Bedeutung ist die Wahl einer geeigneten Luftschraube und der Einfluß des Schraubenstrahls bei verschiedenen Flächenanordnungen.

Es sind daher in diesem Abschnitt eine Reihe von Erfahrungen und Versuchsergebnissen der modernen angewandten Aerodynamik zusammengetragen worden, die zwar nicht lediglich für das Leichtflugzeug gelten, aber beim Entwurf derartiger Maschinen besonders stark ins Gewicht fallen.

1. Anteil der verschiedenen Widerstände am Gesamtwiderstand.

Der gesamte Widerstand des Flugzeuges setzt sich aus folgenden Teilwiderständen zusammen:

$$W = W_i + W_p + W_r + W_\iota.$$

Induzierter Widerstand + Profilwiderstand + Rumpfwiderstand + Widerstand der übrigen nicht zur Auftriebserzeugung dienenden Teile.

A) Induzierter Widerstand.

Der Druckunterschied auf Unter- und Oberseite des Tragflügels bewirkt ein Umströmen der Ränder des Flügels. Auf diese Weise entstehen zwei gewundene Wirbelzöpfe — genauer: ein zu beiden Seiten dütenförmig aufgerolltes Wirbelband —, die sich am Ort des Flügels mit einer Geschwindigkeit $w_o = \dfrac{w}{2}$ abwärts bewegen. Hierbei bezeichnet w die Geschwindigkeit im Abstand ∞ vom Tragflügel. Während der Impuls der abwärts bewegten Luftmasse den Auftrieb liefert, bewirkt die kinetische Energie der absteigenden Luftmasse das Auftreten des sog. induzierten oder Randwiderstandes.

Man kann das Entstehen des induzierten Widerstandes auch durch die Rückwärtsneigung der zur Strömung senkrechten Auftriebskraft erklären, die eine horizontale Widerstandskomponente liefert.

Die Gesetze des induzierten Widerstandes sind den Arbeiten der Göttinger Schule (Prandtl) zu verdanken[1]). Bei Annahme einer idealen, elliptischen Verteilung des Auftriebs A längs der Spannweite b, die sich im übrigen nicht allzusehr von der bei rechteckigen Flügelumrissen auftretenden unterscheidet, liefert die Minimumsbedingung für den induzierten Widerstand folgenden Wert für W_i:

$$W_i = \frac{A^2}{\pi \cdot q \cdot b^2} \; (q = \text{Staudruck}).$$

Man erkennt aus dieser grundlegenden und außerordentlich bedeutungsvollen Formel, daß die Größe des induzierten Widerstandes nur von Auftrieb, Staudruck und dem Quadrat der Spannweite abhängt. Man trifft in der Praxis leider noch allzuoft Konstrukteure, denen dieser einfache Zusammenhang noch nicht genügend klar geworden ist, und die durchweg mit dem mißverständlichen Begriff des »Seitenverhältnisses« arbeiten. Das Seitenverhältnis steckt zwar implizit in der Formel, wesentlich ist aber die Größe der Spannweite und nicht etwa das Verhältnis Spannweite/Tiefe. Das Seitenverhältnis tritt erst dann in Erscheinung, wenn man den dimensionslosen Beiwert

$$c_{wi} = \frac{W_i}{q} = \frac{c_a^2 \cdot t}{\pi \cdot b}$$

bildet. In den meisten Fällen ist zur Bildung dieser Beiwerte keine Notwendigkeit vorhanden. Häufig genügt es zur Beantwortung grundlegender Fragen, mit den Kräften selbst zu rechnen. Handelt es sich beispielsweise um die Frage, wie sich bei einem Tragflügel bei Verkleinerung der Flächentiefe und gleichbleibender Spannweite (also bei Verbesserung des Seitenverhältnisses!) der induzierte Widerstand ändert, vorausgesetzt, daß der Auftriebsverlust durch entsprechende Verdickung oder Wölbungsvergrößerung des Profils ausgeglichen wird, so kann die Antwort in keinem Augenblick in Frage stehen, wenn man sich die oben angeführte Formel vor Augen hält.

Fügt man mehrere Flügel zu einem Mehrdecker zusammen, so wird der induzierte Widerstand im Vergleich mit dem eines Eindeckers gleicher Spannweite und gleichen Auftriebs vermindert. Der Betrag von W_i ergibt sich durch Einführung eines Faktors $\varkappa$. Der Betrag dieses

---

[1]) Siehe Literaturverzeichnis in den »Ergebnissen der aerodynamischen Versuchsanstalt zu Göttingen«.

Faktors ist beispielsweise bei Doppeldeckern von dem Quotienten h/b_1 und von dem Verhältnis der Spannweite beider Flügel $\mu = \dfrac{b_2}{b_1}$ abhängig ($h =$ Abstand der beiden Tragflügel, b_1, b_2, $=$ Spannweite von Ober- bezw. Unterflügel. Bezeichnet W den induzierten Widerstand des Doppeldeckers und W_e den eines Eindeckers gleicher Spannweite und gleichen Auftriebs, so gilt die Beziehung: $W = W_e \cdot \varkappa$.

Der Faktor $\varkappa$ spielt also die Rolle eines Gütegrades. Der Verlauf dieses Gütegrades als Funktion der beiden angegebenen Parameter kann aus dem in Abb. 43 dargestellten Diagramm abgelesen werden[1]).

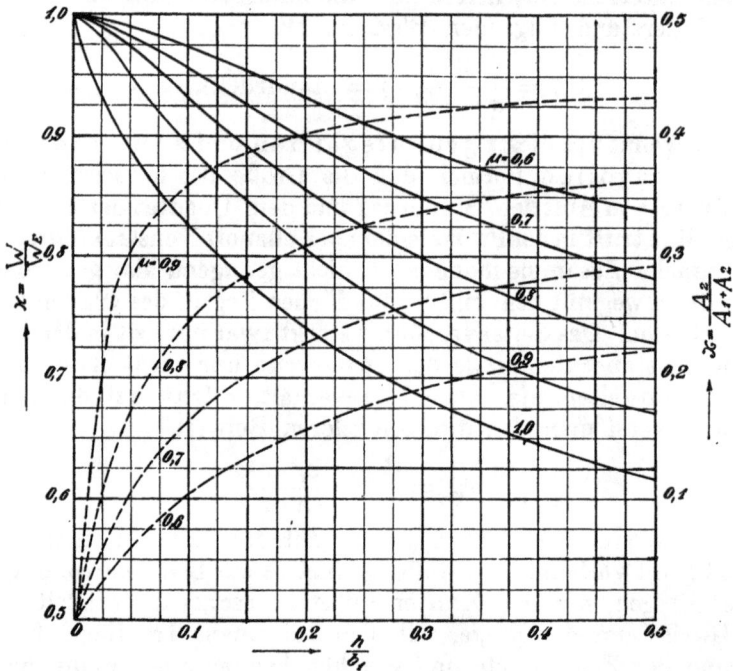

Abb. 43.

Der geringere induzierte Widerstand des Mehrdeckers wird physikalisch verständlich, wenn man bedenkt, daß eine größere Luftmasse von den Flügeln erfaßt und abwärts beschleunigt wird. Da der Impuls der gleiche bleibt, wird die Abwärtsgeschwindigkeit kleiner und damit vermindert sich auch die kinetische Energie. Der induzierte Widerstand einer Doppeldeckerzelle ist demnach kleiner, als der eines gleichbelasteten Eindeckers gleicher Spannweite und nicht etwa umge-

---

[1]) Das Diagramm entstammt der zweiten Lieferung der Ergebnisse der aerodynamischen Versuchsanstalt zu Göttingen.

kehrt. Die etwas einseitige und teils von wenig fachkundiger Seite in Deutschland betriebene Propaganda des »freitragenden Eindeckers«, verknüpft mit einer falschen Auffassung vom Begriff des induzierten Widerstandes, hat häufig zu einer Verwirrung geführt.

Wesentliche Bedeutung kommt dem Einfluß der Fluggeschwindigkeit zu, die in den Nenner mit der zweiten Potenz eingeht. Man erkennt hieraus, daß der induzierte Widerstand mit wachsender Fluggeschwindigkeit einen abnehmenden prozentualen Anteil am Gesamtwiderstand ausmacht. Auch diese Tatsache ist physikalisch ohne weiteres verständlich.

Es ist zulässig, anzunehmen, daß die Flügel des Flugzeuges die einzelnen Luftteilchen beim Durchstreichen eines bestimmten Abschnittes des Luftraumes pro Zeiteinheit nicht in zeitlicher Aufeinanderfolge abwärts beschleunigen, sondern daß dieser Vorgang durch einen plötzlichen Stoß eingeleitet wird. Da das schnellere Flugzeug in der Zeiteinheit eine größere Strecke zurücklegt, ist auch in diesem Falle analog dem Beispiel des Mehrdeckers der Inhalt an kinetischer Energie in der abwärts bewegten Luftmenge geringer. Aus dieser Betrachtung erhellt, daß man ein schnelles Flugzeug mit Rücksicht auf die geringere Bedeutung des induzierten Widerstandes mit kleinerer Spannweite oder auch, wenn man so sagen will, mit schlechterem Seitenverhältnis bauen kann, ohne die Widerstandsverhältnisse wesentlich zu beeinflussen.

B) Der Profilwiderstand.

Während die Gesetze des induzierten Widerstandes in ziemlich erschöpfender Weise geklärt worden sind, ist es leider noch nicht gelungen, die Gesetze des Profilwiderstandes in gleicher präziser und eindeutiger Weise festzulegen. Immerhin bestehen durch eine Reihe theoretischer und empirischer Arbeiten bereits gewisse qualitative und quantitative Anhaltspunkte.

Der Profilwiderstand besteht aus dem Formwiderstand und dem Reibungswiderstand. Der Formwiderstand verliert bei gut geformten, nicht zu dicken Profilen im Bereich größerer Kennwerte erfahrungsgemäß an Bedeutung. Messungen von Wieselsberger[1] an symmetrischen Profilen haben gezeigt, daß der Formwiderstand bei schlanken Flügelquerschnitten fast gänzlich verschwindet, und der auftretende Widerstand fast restlos auf die Oberflächenreibung zurückgeführt werden kann. Bei sehr dicken und stark gewölbten Profilen spielt der Formwiderstand eine etwas größere Rolle.

Es ist bisher noch nicht gelungen, irgendein empirisch oder analytisch begründetes Gesetz für die Abhängigkeit des Formwiderstandes von der Profildicke abzuleiten. Einleitende Versuche der Göttinger Versuchs-

---

[1] Ergebnisse der aerodynamischen Versuchsanstalt zu Göttingen, erste Lieferung.

anstalt in dieser Richtung haben ergeben, daß diese Funktion durchaus vom Kennwert abhängig ist. Es ist daher zwecklos und zu irrigen Schlüssen führend, wenn man etwa versucht, aus Messungsergebnissen verschiedener Versuchsanstalten Kurven zu entwickeln, die die Abhängigkeit des Profilwiderstandes von bestimmten Dicken- und Wölbungsparametern zeigen, oder wenn man aus Widerstandsuntersuchungen bei wechselnder Flügeldicke an kleinen Modellen auf gleiches Verhalten im großen schließt. Das zuerst erwähnte Verfahren ist beispielsweise in England versucht worden. Endgültige Klarheit über die Gesetze des Profilwiderstandes wird sich erst im Zusammenhang mit der Weiterentwicklung der Theorie der Grenzschichtbildung an Tragflügeln und des Turbulenz-Problems ergeben.

In der letzten Zeit ist in der Göttinger Versuchsanstalt ein sehr ausführliches und systematisches Versuchsprogramm durchgeführt worden, welches die Veränderung der Luftkräfte an Joukowsky-Profilen mit stetig veränderten Wölbungs- und Dicken-Parametern zur Grundlage hatte[1]).

Solche auf Grund eines einfachen Verfahrens konformer Abbildung gewonnene Profile sind für derartige Untersuchungen besonders geeignet, da ihre Kontur durch zwei einfache Parameter mathematisch vollkommen bestimmt ist.

Wenngleich auch die Gesetze für den Profilwiderstand noch nicht endgültig feststehen, so kann man doch aus den zahlreichen vorliegenden Messungsergebnissen an Profilen mit praktisch genügender Sicherheit einen Mittelwert für den Profilwiderstand entnehmen, um so mehr als man in der Praxis darauf kommt, sich mehr oder weniger auf einen bestimmten Profiltyp zu einigen.

Die konstruktive Entwicklung hat in Deutschland fast ausschließlich zur Anwendung dicker Profile geführt. Ausgesprochen dünne Profile kommen nur für verspannte Doppeldeckerbauarten in veralteter Bauweise in Frage, die in Deutschland aufgegeben worden ist. Dieser konstruktiven Einstellung entsprechend sind auch in den letzten Jahren fast nur noch dicke Profile untersucht worden. Eine Weiterentwicklung dünner Profile erschien schon im Hinblick auf die oben erwähnte Betrachtung ziemlich zwecklos, da der Widerstand bei den im wirklichen Fluge in Frage kommenden Kennwerten doch fast nur noch aus Reibung besteht, sodaß sich kleinere Veränderungen der Form praktisch gar nicht geltend machen.

Die Segelflugbewegung hat dazu beigetragen, die im Kriege herangebildeten Profilformen systematisch weiter zu entwickeln, und zwar kam es darauf an, Flügelschnitte herauszufinden, die ein Minimum der

---

[1]) Über diese Versuche hat A c k e r e t in seinem Vortrag vor der W G L im September 1924 in Frankfurt berichtet. Siehe Prandtl-Heft der Z.F.M. 1925.

Sinkgeschwindigkeit bei einem möglichst großen Bereich guter Gleit-
zahlen und einem möglichst hohen Auftriebsmaximum aufwiesen. Das
beim Flügel des »Vampyr« verwendete Profil ist in Abb. 44 dargestellt.
Es entstand durch Vereinigung der Druckseite und der Saugseite zweier
dicker Göttinger Profile.

Wesentlich günstiger noch als das Vampyrprofil sind die beiden in
Abb. 45 dargestellten Profile, die von der Akademischen Fliegergruppe Darmstadt ent-
wickelt worden sind. Das
Profil 535 (Abb. 46) ist mit
großem Erfolg bei dem hervorragenden Segelflugzeug
»Consul« zur Anwendung
gelangt. Dieses Profil entstand durch systematische
Veränderungen (insbeson-
dere Vergrößerungen) der
Ordinaten des Göttinger
Profils Nr. 430. Derartige
Profilformen, die entweder
unmittelbar durch konforme
Abbildung eines Kreises
nach dem bekannten Ver-
fahren von Joukowsky oder
durch Modifikationen derartiger Abbildungen gewon-

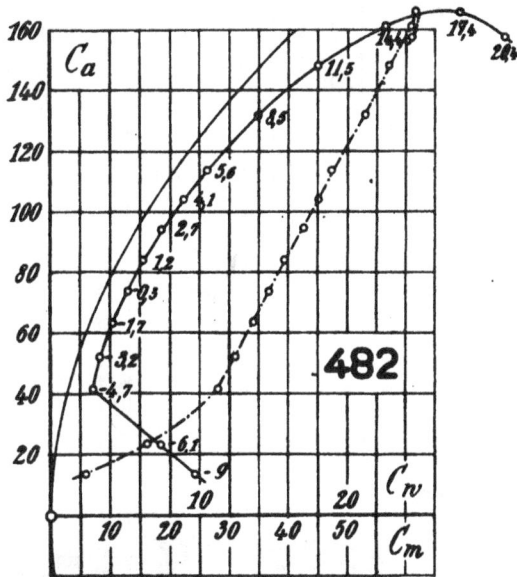

Abb. 44. Profil und Polare des »Vampir«.

nen werden können, erfüllen in ausgezeichneter Weise die aerodynamischen Anforderungen des Leichtflugzeuges. Trotz der relativ großen
Flügeldicke ist der Profilwiderstand überraschend klein und bleibt auf
einer großen Strecke längs der Parabel des induzierten Widerstandes
konstant. Dieses Verhalten der Polare sichert große Höchstwerte für
den Ausdruck $c_a{}^3/c_w{}^2$. Der verhältnismäßig große Wert von $c_{a\,max}$ ver-
bürgt eine niedrige Landegeschwindigkeit, vorausgesetzt, daß sich der
Auftrieb bei den großen Kennwerten des natürlichen Fluges nicht
vermindert.

Diese Erscheinung ist von verschiedenen Forschern im Windkanal an dicken gewölbten Profilen festgestellt worden (Kumbruch, Wieselsberger), und hat auch in der Praxis verschiedentlich zu unangenehmen Erfahrungen geführt.

Ungünstig vom konstruktiven Standpunkt aus ist beim »Consul«- und besonders beim »Vampyr«-Profil die für den Hinterholm verminderte

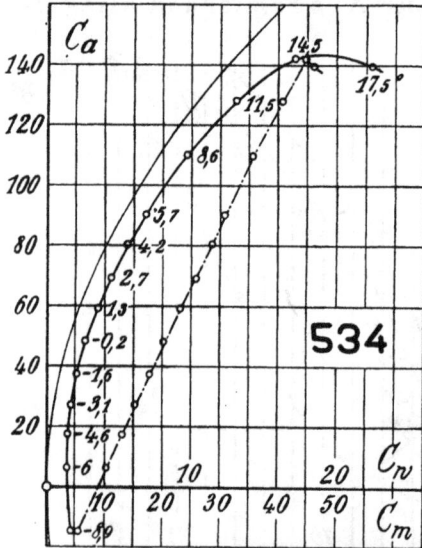

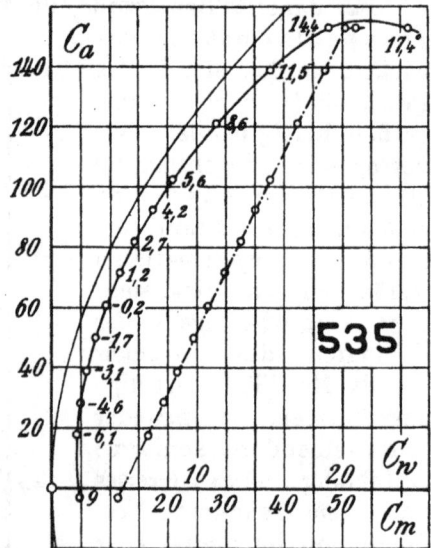

Abb. 45 und 46. Profil und Polare der akademischen Fliegergruppe Darmstadt[1]).

Bauhöhe bzw. der relativ geringe Holmabstand. Versuche des Verfassers mit einem Flügel, der einen dem Consul-Profil ähnlichen Flügelschnitt besaß, bei welchem die Wölbung der Druckseite zugunsten einer größeren Bauhöhe des Hinterholmes vermindert worden war, zeigten sowohl eine Verminderung der Steigzahl, als auch des maximalen Auftriebs (Abb. 47). Der Profilwiderstand ist bei Auftriebsbeiwerten

---

[1]) Der obere Flügelschnitt ist Prof. Nr. 534.

$< Ca = 80$ gegenüber den oben beschriebenen Profilen etwas vermindert. Die Messungen wurden an einem Flügel mit abnehmender Flügeldicke

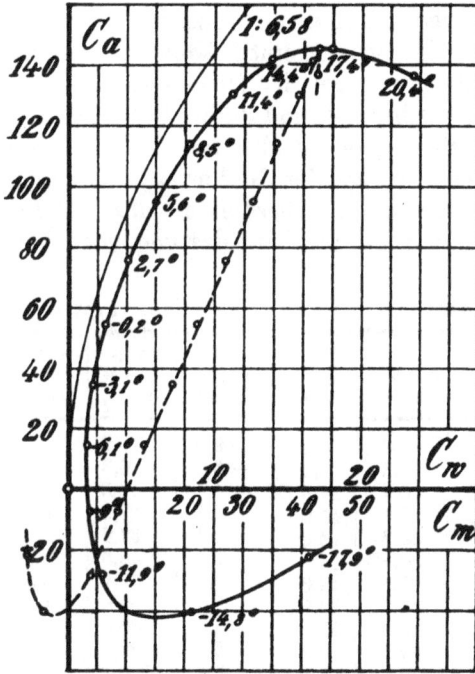

Abb. 47. Profile und Polare eines vom Verf. für die E. Heinkel-Flugzeug-
werke entworfenen und im Windkanal untersuchten Flügels.

ausgeführt. Vermutlich ist diese Eigenschaft ebenfalls zur Erklärung der erwähnten Veränderungen heranzuziehen.

Der geringe Profilwiderstand derartiger Profile bei verschwindendem Auftrieb bewirkt naturgemäß eine unerwünschte Vergrößerung der Sturzfluggeschwindigkeit. Erfahrungsgemäß kann man durch Herabbiegen der Profilnase die Strömung auf der Druckseite bei kleinen Auftriebsbeiwerten zum Abreißen bringen und dadurch den Profilwiderstand vergrößern. Dieses Verfahren bewirkt aber fast stets eine Verschlechterung der charakteristischen Vorzüge der Joukowsky-ähnlichen Profile (hohe Steigzahl und hoher Auftrieb). Überdies bewahrt bei Leichtflugzeugen die verhältnismäßig niedrige Flächenbelastung vor allzugroßen Sturzfluggeschwindigkeiten.

Prof. Nr. 482.

Anstellwinkel Grad	Auftriebszahl C_a	Widerstandszahl C_w	Momentenzahl C_m	Gleitzahl A/W
− 9	13,3	9,71	5,8	1,4
− 6,1	23,5	7,35	16,2	3,2
− 4,7	41,5	2,84	28,1	14,6
− 3,2	52,0	3,33	31,1	15,6
− 1,7	63,3	4,14	34,2	16,3
− 0,3	73,7	5,15	36,8	14,3
1,2	84,0	6,18	39,4	13,6
2,7	94,5	7,40	42,7	12,8
4,1	104,0	8,79	45,2	11,8
5,6	113,8	10,5	47,4	10,8
8,5	131,8	13,9	52,9	9,4
11,5	148,0	18,0	57,0	8,2
14,4	161,1	22,6	60,9	7,2
17,4	165,8	27,8	61,6	6,0
20,4	157,3	32,9	61,0	4,8

Prof. Nr. 584.

Anstellwinkel Grad	Auftriebszahl C_a	Widerstandszahl C_w	Momentenzahl C_m	Gleitzahl A/W
− 8,9	− 14,7	1,77	5,6	− 8,3
− 6	6,3	1,44	10,5	4,4
− 4,6	17,3	1,49	13,1	11,6
− 3,1	27,1	1,72	15,2	15,8
− 1,6	37,8	2,08	17,7	18,1
− 0,2	48,5	2,70	20,2	18,0
1,3	59,1	3,55	23,2	16,7
2,7	69,6	4,50	25,8	15,5
4,2	80,5	5,57	28,6	14,4
5,7	90,3	6,82	30,8	13,2
8,6	110,1	9,72	35,6	11,3
11,5	128,3	13,1	40,8	9,8
14,5	142,7	17,2	44,8	8,3
17,5	140,0	22,4	46,2	6,2

Prof. Nr. 585.

Anstellwinkel Grad	Auftriebszahl C_a	Widerstandszahl C_w	Momentenzahl C_m	Gleitzahl A/W
− 9	− 3,5	1,91	− 3,1	−1,8
− 6,1	17,9	1,74	17,6	10,3
− 4,6	8,6	1,97	28,4	14,5
− 3,1	38,8	2,34	38,7	16,7
− 1,7	50,0	2,93	50,0	17,1
− 0,2	60,5	3,70	60,5	15,4
1,2	71,5	4,65	71,5	15,3
2,7	82,0	5,69	82,5	14,4
4,2	92,5	6,97	92,9	13,3
5,6	102,5	8,37	103,0	12,3
8,6	121,1	11,4	121,5	10,6
11,5	139,0	15,1	139,2	9,2
14,4	153,0	19,1	153,1	8,0
17,4	153,5	24,6	154,1	6,2

Zu Abb. 47[1]

Anstellwinkel Grad	Auftriebszahl C_a	Widerstandszahl C_w	Momentenzahl C_m	Gleitzahl A/W
− 17,9	− 22,4	16,5	− 7,1	− 13,6
− 14,9	− 40,5	8,45	− 4,4	− 4,8
− 11,9	− 28,5	2,30	3,9	− 12,4
− 9	− 7,7	1,50	8,3	− 5,1
− 6,1	14,2	1,27	13,0	11,2
− 3,1	34,8	1,65	17,7	21,0
− 0,2	54,2	2,49	21,9	21,7
2,7	75,1	4,00	26,6	18,8
5,6	94,9	5,94	31,4	16,0
8,5	114,0	8,20	35,3	13,9
11,4	130,0	11,1	39,0	11,7
14,4	141,8	13,8	41,4	10,3
17,4	145,0	17,9	42,6	8,1
20,4	136,5	23,5	42,2	5,8

[1]) Seitenverhältnis 1 : 6.58.

Die vorstehend beschriebenen Profilformen dürften die stärkste Hochzüchtung darstellen, die nach dem heutigen Stande der Aerodynamik ohne Einführung zusätzlichen Vorrichtungen möglich erscheinen. Es hat also keinen Sinn mehr, durch besondere Tüfteleien ein neues und besonders brauchbares »Profil« herausfinden zu wollen. Nachdem man diese Grenzen einmal erkannt hat, entfällt beim neuen Entwurf die Notwendigkeit besonderer Profilmessungen, es sei denn, daß man aus irgendwelchen konstruktiven Gründen zu wesentlichen Abweichungen gezwungen ist und vielleicht besonderen Wert auf den genauen Verlauf der Momentenkurve legt. Aber auch die Druckmittelpunktswanderung kann ebenso wie der Profilwiderstand mit ausreichender Genauigkeit aus den vorhandenen Ergebnissen extrapoliert werden.

Es wurde bereits darauf hingewiesen, daß die Größe des induzierten Widerstandes in gewissem Grade von der durch die Form des Flügels bewirkten Auftriebsverteilung abhängt. Auch der Profilwiderstand kann, abgesehen von der Querschnittsform, durch die übrige Formgebung des Flügels wesentlich beeinflußt werden, sei es z. B. durch Ausschnitte oder Aussparungen im Flügel zur Verbesserung der Sicht oder zur Erleichterung des Einsteigens, sei es durch verjüngte Flügeldicke.

Bei den Aussparungen im Flügel ist es von entscheidender Bedeutung, ob sie an der Vorderkante oder an der Hinterkante angebracht werden. Das Verhalten der Luftkräfte an derartig ausgesparten Flügeln ist von der Göttinger Versuchsanstalt neuerdings sehr eingehend untersucht worden[1]. Diese Versuche haben gezeigt, daß Ausschnitte an der Hinterkante den Profilwiderstand je nach Größe der Aussparung erhöhen, ohne jedoch den Auftrieb wesentlich zu beeinflussen. Die Verschlechterung des Profilwiderstandes ist geringer, wenn die Kanten der Aussparung nicht abgerundet werden.

Bei Ausschnitten in der Vorderkante ergab sich ein verändertes Verhalten. Nach Überschreiten eines bestimmten von der Aussparung abhängenden c_a-Wertes trat eine sehr starke Widerstandsvergrößerung ein, die aber in erster Linie als eine durch die Ablösung der Strömung an den beiden Kanten des Ausschnittes bewirkte Erhöhung des induzierten Widerstandes gedeutet werden muß.

Über den Einfluß der Flügelform und der Verteilung der Profildicke längs der Spannweite liegt eine ausführliche Reihe systematischer Versuche des National Advisory Commitee for Aeronautics vor[2].

Leider sind diese Versuche bei sehr kleinen Kennwerten ausgeführt worden, so daß die quantitativen Ergebnisse nur cum grano salis zu nehmen sind. Insbesondere sind die aus dem Jahre 1920 stammenden

---

[1] Vorläufige Mitteilungen der aerodynamischen Versuchsanstalt zu Göttingen, Heft 2.

[2] The Aerodynamics Properties of Thick Air foils, von F. H. Norton und D. L. Bacon. N. A. C. Rep. 75 u. 152.

Ergebnisse bei außerordentlich kleinen Kennwerten ausgeführt worden ($E = 1000$). Die zweite Versuchsreihe ist bei $E = 2286$ (Flächentiefe $t = 7{,}62$ und $v = 30$ m/s, stellenweise $v = 50$ m/s) durchgeführt worden. Wenngleich auch hier die Kennwerte noch weit unterhalb des Göttinger Durchschnittswertes liegen, so erscheinen die erzielten Ergebnisse verglichen mit eigenen Versuchen qualitativ durchaus einleuchtend, sofern es sich nicht um außergewöhnlich dicke oder sehr dünne Profile handelt. Man darf auf Grund der guten Übereinstimmung der Versuchsergebnisse mit der Praxis vermuten, daß sich bei Flügelprofilen mittlerer Dicke die Abweichungen bei Veränderung des Kennwertes in verhältnismäßig engen Grenzen halten. Anderseits scheinen sich bei sehr dicken oder besonders stark gewölbten Profilen die Verhältnisse innerhalb gewisser Kennwertsgebiete grundlegend zu verschieben.

Im wesentlichen kann man die amerikanischen Ergebnisse in folgender Weise zusammenfassen:

1. Der Auftrieb wächst bis zu einem gewissen Grade mit zunehmender Profildicke und zunehmender Wölbung. Es kommt hierbei nicht auf die Wölbung von Druck- und Saugseite, sondern auf die Krümmung des Profilskelettes an, d. h. einer Kurve, die von Saug- und Druckseite gleichen Abstand hat[1]).

2. Durch konvexe Auswölbung der Druckseite wird der Profilwiderstand bei kleinen Auftriebswerten verkleinert, bei gleichzeitigem Sinken von c_{amax}.

3. Abnehmende Flügeldicke nach den Flügelenden zu vermindert ebenfalls den Profilwiderstand. Der Druckmittelpunkt rückt weiter vor, seine Wanderung wird geringer.

4. Verjüngung der Flügeltiefe nach den Enden zu bei affin bleibenden Teilprofilen bewirkt eine Veränderung der Polare im Bereich größerer Auftriebsbeiwerte. Vermutlich handelt es sich hierbei weniger um eine Verringerung des Profilwiderstandes, als um eine Verbesserung des induzierten Widerstandes infolge stärkerer Annäherung an die elliptische Verteilung. Die Vergrößerung von c_a beruht vermutlich auf einem Kennwerteffekt infolge der in der Mitte vergrößerten Flügeltiefe. Jedenfalls ist ein Sinken von c_a nicht zu erwarten. Die Druckmittelpunktswanderung verläuft ähnlich wie beim rechteckigen Flügel. Bei starker Verjüngung liegt der Druckmittelpunkt etwas weiter zurück.[2])

5. Die Vereinigung von verjüngter Flügeltiefe und abnehmender Flügeldicke ergibt ein Sinken des Profilwiderstandes verbunden mit einer Abnahme des Auftriebs. Diese Wirkung wird noch gesteigert durch bikonvexe Auswölbung der Druckseite.

[1]) Vgl. entsprechende Ergebnisse von Junkers. Vortrag über eigene Arbeiten auf dem Gebiete des Metallflugbaues. Jahrbuch der WGL 1923.
[2]) Bezogen auf die mittlere Flügeltiefe.

Im allgemeinen zeigt sich die empirische Regel bestätigt, daß alle Maßnahmen, die den Widerstand vermindern, gleichzeitig den Auftrieb herabsetzen, oder umgekehrt.

Auf Grund dieser Ergebnisse erscheint der trapezförmige Flügel mit verjüngter Flügeldicke besonders zweckmäßig. Die Anwendung leichter Holme wird durch die verhältnismäßig große Bauhöhe an der Flügelwurzel ermöglicht. Das auf die Holme wirkende Biegungsmoment wird durch einen trapezförmigen Flügelumriß verkleinert. Bei starker Abweichung des Flügelumrisses vom Rechteck ist eine Messung des Flügels, weniger zur Feststellung der Größe der Luftkräfte als zur Bestimmung der genauen Momentenkurve zweckmäßig.

C) Der Widerstand der nicht zur Auftriebserzeugung dienenden Teile.

a) Fahrgestell, Streben, Achsen usw.

Hierher gehören in erster Linie Rumpf, Fahrgestell, Leitwerk und etwaige zur Verstrebung und Verspannung dienende Teile. Bei der Widerstandsermittlung derartiger Bauglieder spielt der Kennwert eine entscheidende Rolle. Messungen bei Kennwerten, die wesentlich von den am wirklichen Flugzeug auftretenden Werten abweichen, sind daher für Räder, Streben und Drähte durchaus zwecklos. Man pflegt bei Messungen vollständiger Modelle derartige Teile wegzulassen und ihren Widerstand auf Grund von Messungsergebnissen, die an wirklichen Flugzeugteilen bei sehr großen Kennwerten gewonnen wurden, zu ermitteln.

Originalmessungen an Fahrgestellen und Rädern sind z. B. von Wieselsberger ausgeführt worden[1]. Die Fahrgestelle von Leichtflugzeugen sind jedoch durchweg konstruktiv wesentlich vereinfacht worden und weichen beträchtlich von den von Wieselsberger untersuchten Bauarten ab. Häufig ist bei Leichtflugzeugen die Achse im Rumpf gelagert, so daß nur ein kleiner Teil der Achse und die Räder dem Luftstrom ausgesetzt sind. Bei anderen Bauarten sind die Räder teilweise verkleidet oder in den Rumpf eingebaut. Messungen derartiger Fahrgestelle liegen bis heute noch nicht vor, so daß man zu dem an sich unkorrekten Verfahren gezwungen wird, den Widerstand derartiger Fahrgestelle durch Summierung der Teilwiderstände der im freien Luftstrahl gemessenen Einzelteile: Streben, Achse, Räder usw. zu ermitteln. Es ist jedoch anzunehmen, daß der Fehler nicht sehr groß ist, wenn sich z. B. die Räder, die den Hauptwiderstand hervorrufen, nicht in unmittelbarer Nähe des Rumpfes oder innerhalb des Schraubenstrahles befinden.

---

[1] Technische Berichte III 7.

Auf Grund der Messungen von Wieselsberger ergibt sich als Mittelwert für ein normales Flugzeugrad mit Verkleidung (eine Seite eben,
die andere Seite konisch) ein Widerstandsbeiwert von $c = 0,465$ auf die
Querschnittsfläche des Rades bezogen.

Nach Versuchen des Verfassers läßt sich der Radwiderstand durch entsprechende Verkleidungen leicht um ~ 40 vH vermindern. Stromlinienför-
mige hinter dem Rad angebrachte Abflußstücke erwiesen sich als zwecklos.

Der relativ hohe Radwiderstamd läßt es ratsam erscheinen, bei
der Konstruktion darauf zu achten, daß die Räder außerhalb des Pro-
pellerstrahles, in welchem bekanntlich ein größerer Staudruck herrscht,
angeordnet werden.

Soweit es die Festigkeit des Rades erlaubt, ist der Speichenkegel
möglichst flach zu halten. Den geringsten Widerstand bieten flache
Räder mit ebenen Seitenflächen. Bei freiliegenden A c h s e n und
S t r e b e n ist der Widerstandsbeiwert nicht konstant, sondern bekannt-
lich eine Funktion der Reynoldschen Zahl $R = \dfrac{v \cdot l}{\nu}$ [1] bzw. des Kenn-
wertes E $(E \sim {}^1/_{70}\, R)$. Man unterscheidet einen sogenannten kritischen
Kennwert, bei welchem ein plötzlicher Übergang zu wesentlich kleineren
Widerstandsbeiwerten erfolgt. Bei Kreiszylindern liegt dieser kritische
Kennwert sehr hoch, etwa bei 4900. Es empfiehlt sich daher, runde
Querschnitte möglichst zu vermeiden bzw. durch Anfügen eines entsprechend geformten Ansatzstückes oder durch entsprechende Verkleidungen in einen stromlinienartigen Querschnitt zu verwandeln.
Es ergibt sich z. B. für eine runde Radachse von 40 mm Durchm. bei
einer Geschwindigkeit $v = 35$ m/s ein Widerstandsbeiwert von $c = 1,2$.
Durch Anfügen eines entsprechend geformten keilförmigen Ansatzstückes soll der kreisförmige Querschnitt in ein schlankes Strebenprofil übergeführt werden. Die Länge des Profils in der Anblaserichtung
sei 100 mm. (Nach Versuchen von Munk liegt bei 2,5 bis 3 das günstigste
Schlankheitsverhältnis für derartige Streben.) Der kritische Kennwert
liegt bei diesem Profil wesentlich tiefer als beim runden Querschnitt
$(E \sim 700)$. Für diese Strebenform ergibt sich nach Messungen von
Munk ein Widerstandswert von ungefähr 0,1. Der Widerstand beträgt also
nur noch ungefähr ein Zehntel des Widerstandes des runden Rohrs. Die
Widerstandsvergrößerung bei schräger Anblasung macht sich nur bei
Streben mit sehr hohem Schlankheitsverhältnis geltend, bei denen überdies
der Widerstand infolge zunehmender Oberflächenreibung wieder ansteigt.

Nach englischen Versuchen[2] ist besonderer Wert auf den Übergang
des Kreisprofiles in das Ansatzstück zu legen. Es ist auf Grund der

---

[1] $\nu = \dfrac{\mu}{\varrho} =$ kinematische Zähigheit.

[2] An investigation to determine the best shape of fairing piece for a
cylindrical strut, Rep. aed Mem. Nr. 256, 1916.

englischen Versuche notwendig zur Erzielung des geringsten Widerstandes, daß die größte Breite senkrecht zur Anblaserichtung etwas hinter dem Krümmungsmittelpunkt der vorderen Abrundung liegt. Der englische Bericht gibt die in Abb. 48 veranschaulichten Beziehungen zwischen den verschiedenen Krümmungsradien für die Konstruktion einer günstigen Verkleidung an.

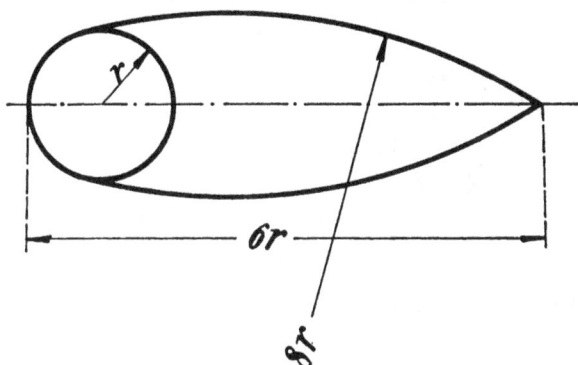

Abb. 48.   Günstiges Strebenprofil.

b) Rumpfwiderstand.

Man pflegt gewöhnlich den Rumpfwiderstand dadurch zu berücksichtigen, daß man im Polardiagramm die Ordinatenachse etwas nach links verschiebt. Der Betrag dieser Verschiebung hängt natürlich in sehr starkem Maße sowohl von der Form und vom Verhältnis der Widerstandsfläche des Rumpfes zur gesamten Tragfläche ab. Es ist natürlich sinnlos, wenn, wie es teilweise geschehen ist, allgemeingültige dimensionslose Widerstandsbeiwerte für den Rumpf angegeben werden. Allgemeingültig ist natürlich nur die Angabe einer Widerstandsfläche F_{wr} in m². Der Widerstands beiwert c_{wr} ergibt sich hieraus in jedem besonderen Fall durch den Quotienten $\dfrac{F_{wr}}{F}$, wobei F die Bezugsfläche des betreffenden Flugzeuges bedeutet. Man erkennt hieraus, daß die Form des Rumpfes, wie überhaupt die Größe des Widerstandes aller nicht tragenden Teile in um so größerem Maße ins Gewicht fällt, je mehr die Tragfläche verkleinert wird, bzw. Flächenbelastung und Geschwindigkeit vergrößert werden.

Die vorhergehenden Betrachtungen haben gelehrt, die Teilwiderstände von Rädern und Achsen zu bestimmen. Anderseits haben wir auch gesehen, wie sich der Flügelwiderstand aus induziertem und Profilwiderstand zusammensetzt. Wir können daher an Hand dieser Unterlagen und aus vorliegenden Geschwindigkeitsmessungen von Leichtflugzeugen den Rumpfwiderstand extrapolieren, um auf diese Weise sowohl für neue Entwürfe einen Anhalt über seine Größenanordnung als auch ein Bild über den Anteil der verschiedenen Teilwiderstände am Gesamtwiderstand zu gewinnen.

Wir wählen zur Durchführung dieser Widerstandszerlegung den englischen De Havilland-Eindecker, der im Aufbau eine normale Formgebung zeigt und für welchen entsprechende Messungsergebnisse vorliegen. In der nachfolgenden Übersicht sind die für diese Rechnung in Frage kommenden Daten zusammengefaßt:

Spannweite $b = 9{,}15$ m,

Fläche $f = 11{,}1$ m²,

Fluggewicht $G = 222$ kg,

Flächenbelastung $G/F = 20$ kg/m²,

Geschwindigkeit beim Horizontflug in Bodennähe
$$v_{\max} = 117{,}5 \text{ km/h} = 32{,}7 \text{ m/s},$$

Staudruck $= 66{,}6$ kg/m²,

Leistung des Motors $N = 20$ PS (für eine Drehzahl $n = 3400$ auf
Grund des Leistungsdiagramms des Blackburne-Motors),

Wirkungsgrad der Schraube (Annahme $\eta = 0{,}6$).

Der Gesamtwiderstand W beträgt
$$W = W_i + W_p + W_r + W_s.$$
Hierbei bedeuten

$W_i =$ induzierter Widerstand,

$W_p =$ Profilwiderstand,

$W_r =$ Widerstand von Rumpf, Fahrgestell und Leitwerk,

$W_s =$ Widerstand der Flügelstiele.

a) Gesamtwiderstand W
$$W = \frac{N \cdot \eta \cdot 75}{v} = 27{,}5 \text{ kg}$$

b) Induzierter Widerstand W_i bei Annahme einer elliptischen Auftriebsverteilung, die infolge der Flügelform gewährleistet sein dürfte:
$$W_i = \frac{G^2}{\pi \cdot q \cdot b^2} = 2{,}82 \text{ kg}$$

c) Profilwiderstand
$$W_p = c_{wp} \cdot F \cdot q.$$
Für den Beiwert des Profilwiderstandes kann als Mittelwert $c_{wp} = 0{,}013$ eingeführt werden; daher ergibt sich
$$W_p = 9{,}64 \text{ kg}.$$

d) Widerstand der Flügelstiele

$$W_s = x \cdot c \cdot f_s \cdot q,$$

$x = $ Anzahl $= 4,$

$l = $ Länge $= 1,4$ m,

$f_s = $ Querschnittsfläche senkrecht zur Anblaserichtung $=$
0,028 m²,

$c = $ Widerstandsbeiwert $= 0,1.$

Unter diesen Annahmen ergibt sich für den Widerstand der Flügelstiele

$$W_s = 3,72 \text{ kg.}$$

e) Rumpfwiderstand + Fahrgestell + Leitwerk

$$W_r = W - (W_t + W_s + W_s) = 11,14 \text{ kg.}$$

Eine weitere Unterteilung des Rumpfwiderstandes wird mangels geeigneter Unterlagen etwas unsicher. Man kann jedoch auf folgende Weise vorgehen: Da es sich um ein ziemlich normal gebautes Fahrgestell handelt, dürfen wir auf Grund der Wieselsbergerschen Messungen die Annahme machen, daß der Widerstand der Räder ungefähr 60 vH des gesamten Fahrgestellwiderstandes ausmacht. Für ein einzelnes Rad ergibt sich folgender Widerstand:

$$w = f \cdot c \cdot q.$$

Die Bezugsfläche ist 0,022 m².

Der Widerstandsbeiwert $c = 0,46.$

Somit beträgt der Widerstand beider Räder 1,348 kg. Der Widerstand des ganzen Fahrgestells beträgt daher 2,25 kg.

Widerstand des Leitwerks:

a) Höhenleitwerk

$$f = 2,0 \text{ m}^2,$$
$$c_w = 0,02$$
$$w = 2,66 \text{ kg}$$

b) Seitenleitwerk

$$f = 0,72 \text{ m}^2$$
$$w = 0,96 \text{ kg.}$$

c) Widerstand des gesamten Leitwerks

$$w = 3,62 \text{ kg.}$$

Somit beträgt der Widerstand des Rumpfes allein

$$W_r = 5,27 \text{ kg.}$$

In der nachfolgenden Zahlentafel sind die Widerstandsflächen der einzelnen Widerstände und die prozentualen Anteile der Teilwiderstände am Gesamtwiderstand zusammengefaßt.

Teilwiderstand	Widerstands-fläche m²	Anteil am Gesamtwider-stand in vH
Induzierter Widerstand	0,0423	10,3
Profilwiderstand.	0,1445	35
Gesamter Flügelwiderstand. . . .	0,1868	45,3
Flügelstiele	0,0559	13,5
Anlaufräder.	0,0202	4,9
Übriges Fahrgestell	0,0135	3,3
Gesamtes Fahrgestell	0,0337	8,5
Höhenleitwerk	0,0440	9,7
Seitenleitwerk.	0,0144	3,45
Gesamtes Leitwerk	0,0584	13,2
Rumpf mit Motor.	0,079	19,2

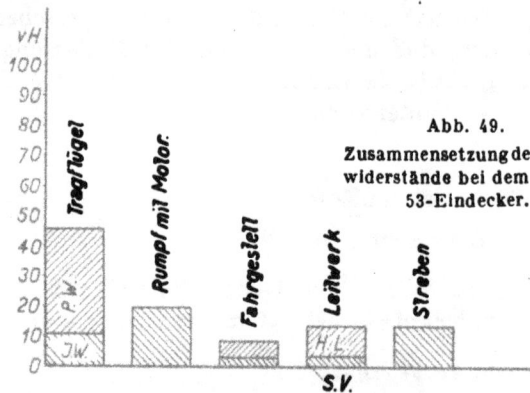

Abb. 49.
Zusammensetzung der Teil-
widerstände bei dem D. H.
53-Eindecker.

Die prozentualen Anteile der Teilwiderstände am Gesamtwiderstand sind in Abb. 49 graphisch dargestellt.

Die gesamte Widerstandsfläche beträgt nach dieser Aufstellung 0,4138 m². Die Widerstandsfläche des schädlichen Widerstandes allein beträgt 0,227 m², ohne Flügelstiele 0,1711 m². Für andere Leichtflugzeuge ergeben sich auf Grund von Polardiagrammen ähnliche Werte. Z. B. für die Beardmore »Wee Bee«: $F_w = 0,177$ m².

Erhöht man die Flächenbelastung durch Verkleinerung der Flügelfläche bei gleichbleibendem Gesamtgewicht, so läßt sich der Flügelwiderstand verringern. Der prozentuale Anteil der Teilwiderstände, insbesondere des Fahrgestells und des Rumpfes, fällt dann naturgemäß in erhöhtem Maße ins Gewicht. Auf die Formgebung dieser Teile ist also bei Maschinen mit kleinen Flügeln besonderer Wert zu legen.

2. Einfluß der allgemeinen Anordnung.

Wir haben bisher die Widerstände der einzelnen Teile gewisser-
maßen losgelöst von dem Einfluß der gegenseitigen Einwirkung betrach-
tet. Dieses Verfahren ist natürlich nicht ganz sinngemäß, da die Luftkräfte
von der durch die Gesamtanordnung bedingten Strömung abhängen. Eine
Prüfung derartiger Fragen ist natürlich nur auf empirischem Wege im
Windkanal möglich. Grundlegende Untersuchungen über den Einfluß
verschiedener Flächenanordnungen relativ zum Rumpf sind im ersten
Teil der Versuchsergebnisse der Göttinger Versuchsanstalt enthalten.
Es wurden fünf verschiedene Anordnungen der Flügel relativ zum
Rumpf untersucht. Als ungünstigste Anordnung erwies sich die Tief-
deckerbauart mit Abstand zwischen Rumpf und Fläche. Die übrigen
Anordnungen ergaben nur relativ geringe Unterschiede.

Diese Versuche sind nur von beschränkter Bedeutung, da der Einfluß des Schraubenstrahles unberücksichtigt geblieben ist. Es sind zwar
an gleicher Stelle Versuche beschrieben, welche den Einfluß des Schraubenstrahles bei verschiedenen Lagen der Propellerachse relativ zum Flügel
angeben. Aber auch diesen Messungen fehlt allgemeine Geltung, da
lediglich die auf die Flügel und nicht die auf eine Zusammenstellung von
Rumpf und Flügeln ausgeübten Kräfte untersucht wurden. Rein
qualitativ zeigen die genannten Versuche, daß der Schub einer Schraube
bei Anordnung der Schraubenachse auf der Druckseite des Flügels zugleich mit dem Widerstand anwächst. Das Umgekehrte erfolgt, wenn
die Schraubenachse in genügendem Abstand über der Saugseite des
Flügels liegt. Bildet man den resultierenden Schubüberschuß $C_s — C_w$,
so erkennt man, daß die Unterschiede relativ gering sind. Die Vorgänge
werden hinsichtlich der Schubveränderung durch·die infolge der Zir-
kulationsströmung veränderten Strömungsgeschwindigkeiten über- und
unterhalb des Profils erklärt. Die Schraube arbeitet z. B. auf der Druckseite in einer relativ langsameren Strömung als auf der Saugseite,
wodurch sich die Schubvergrößerung ergibt. Durch eine entsprechende
Korrektur der Steigung ließe sich dieser Einfluß wahrscheinlich bis zu
einem gewissen Grade aufheben, und zwar müßte bei der in der beschleunigten Strömung arbeitenden Schraube die Steigung vergrößert werden
und umgekehrt. Die bei der auf der Saugseite arbeitenden Schraube
beobachtete Widerstandsverkleinerung wird auf die durch Strahl-
kontraktion bewirkte Aufwärtslenkung der Strömung erklärt.

Um den Einfluß verschiedener miteinander kombinierter Flügel-
anordnungen und verschiedener Schraubenachsenlagerungen festzustellen, sind vom Verfasser vor einigen Jahren eine Reihe systematischer Untersuchungen an einem Eindeckerrumpfmodell mit verän-
derlicher Flügelbefestigung in der Göttinger Versuchsanstalt ausgeführt
worden.

Das zu den Untersuchungen verwendete Modell besaß rechteckige Flügel von 66,6 cm Spannweite und 11,2 cm Tiefe. Die Wahl dieser kleinen, von der üblichen Göttinger Norm abweichenden Abmessungen erfolgte lediglich mit Rücksicht auf den zur Verfügung stehenden Propellerantrieb. Als Profil für die Flügel diente ein normaler englischer Flügelschnitt mittlerer Dicke (RAF 6). Der Rumpf des Modells besaß viereckigen Querschnitt.

Die seinerzeit benutzte Versuchsanordnung ist aus Abb. 50 ersichtlich. Da damals noch keine Motoren von genügender Leistung und ent-

Abb. 50. Versuchanordnung zur Bestimmung des Einflusses des Schraubenstrahls.

sprechend kleinen Abmessungen zur Verfügung standen, um sie im Rumpf des Modells selbst einbauen zu können, wurde der Antrieb vom Modell getrennt angeordnet. Die Versuchseinrichtung bestand aus einer Plattform, die dicht über dem Boden schwebte. Auf dieser Plattform waren ein Elektromotor und eine Wasserpumpe montiert. Letztere förderte Druckwasser von 3,5 bis 4 at Druck zu einer kleinen spindelförmig verkleideten Tubine, auf deren Welle der Propeller unmittelbar befestigt war. Das gesamte Aggregat war mittels Stahldrähten an zwei Laschen befestigt, deren Drehpunkte in gleicher Höhe mit der Achse lagen, um welche sich das Modell bei Anstellwinkelveränderungen drehte. Die durchschnittliche Drehzahl des Propellers betrug 11000 Umdr./min, sein Durchm. 14,8 cm. Bei der zugrunde gelegten Windgeschwindigkeit von 20 m/s war der Fortschrittsgrad $v/u = 0,111$.

Es wurden folgende Flächenanordnungen untersucht:

1. Fläche mit der Oberkante des Rumpfes abschließend,
2. Fläche in der Mitte des Rumpfes,
3. Fläche an der Unterseite des Rumpfes mit der Unterkante abschließend.

Für jede Flächenanordnung wurden mehrere Lagen der Schraubenachse ober- und unterhalb des Flügels durchgemessen. Aus der großen Zahl der Messungsergebnisse seien an dieser Stelle nur die für jede Flächenanordnung relativ günstigsten Ergebnisse betrachtet bzw. nur diejenige Lage der Schraubenachse, die sich konstruktiv ohne wesentliche Schwierigkeiten und in Anlehnung an die gebräuchlichen Bauformen verwirklichen läßt. In den nachstehenden Diagrammen (Abbildung 51 u. 52) sind die Messungsergebnisse bei folgenden Anordnungen dargestellt:

a) Hochdecker mit der Schraubenachse etwas unterhalb des Flügels.
b) Hochdecker mit der Schraubenachse oberhalb des Flügels.
c) Tiefdecker mit hochliegender Schraubenachse.
d) Mitteldecker mit der Schraubenachse in Höhe der Flügel.

In den Diagrammen ist der durch den Schraubenstrahl bewirkte Zuwachs Δc_a und Δc_w als Funktion des Anstellwinkels α aufgetragen worden.

Aus dieser Darstellung ergeben sich als günstigste Anordnungen der Hochdecker und der Tiefdecker mit hochliegender Schraubenachse. Die in der Praxis gebräuchlichere Bauart des Hochdeckers mit tiefliegender Schraubenachse erweist sich ungünstiger als die Tiefdeckerbauart. Ebenfalls ungünstige Ergebnisse sind nach diesen Versuchen bei der Mitteldeckerbauart zu erwarten. Bemerkenswert ist die aus der Kurvendarstellung deutlich hervorgehende Tatsache, daß sich bei Anordnung b und c im Bereich der für das Steigen in Frage kommenden Anstellwinkel ein Maximum für die Kurve der Werte von dc_a und ein Minimum für die Kurve der Werte von dc_w ergibt.

Die relativ geringe Genauigkeit derartiger Messungen beruht auf dem Umstand, daß sich das Ergebnis als die verhältnismäßig geringe Differenz zweier fast gleich großer Zahlen darstellt. Auf diese Weise kommt es, daß Maßfehler leicht die Größenordnung dieses Differenzwertes erreichen können. Der charakteristische Verlauf der Kurven spricht jedoch im vorliegenden Falle gegen diese Befürchtung.

Leider erlaubte die damalige Versuchseinrichtung es noch nicht, gleichzeitig mit den Luftkräften auch die korrespondirenden Werte für den Schraubenschub und das Moment zu messen.

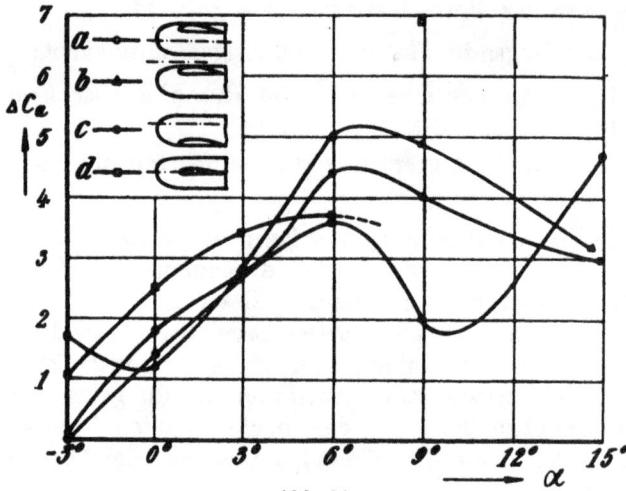

Abb. 51.

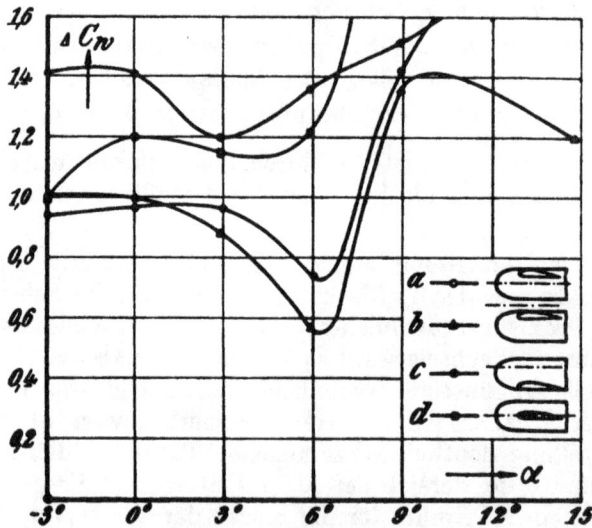

Abb. 51 u. 52. Einfluß des Schraubenstrahls bei verschiedenen Rumpf- und Flügellagen.

Die günstigen praktischen Erfahrungen mit Schirmeindeckern, bei denen der Flügel durchlaufend mit einem Zwischenraum über dem Rumpf angeordnet wird, scheinen dafür zu sprechen, daß bei dieser Bauart sehr günstige aerodynamische Verhältnisse vorliegen. Versuchsergebnisse sind in dieser Richtung bisher noch nicht bekannt geworden.

3. Der aerodynamische Entwurf.

Der aerodynamische Entwurf hat die Aufgabe, einen möglichst günstigen Ausgleich aus mehreren sich widersprechenden Bedingungen zu finden. Die Anforderungen, die dem aerodynamischen Entwurf zugrunde gelegt werden, sind gutes Steigvermögen am Boden und Wirtschaftlichkeit im Horizontalflug. Die Steiggeschwindigkeit am Boden ist wichtig mit Rücksicht auf die Sicherheit des Abfluges, während die Gipfelhöhe an sich eine verhältnismäßig geringe Rolle bei Leichtflugzeugen spielt. Die Verwirklichung einer hohen Transportökonomie ist sowohl aus Gründen der Wirtschaftlichkeit und der Sicherheit geboten. Ein wirtschaftlich arbeitendes Flugzeug ist deshalb auch sicher, weil es im Sparflug über einen um so höheren Leistungsüberschuß verfügt, je geringer der zum Schweben erforderliche Leistungsbedarf ist.

Die Grundwerte des aerodynamischen Entwurfs sind: Flächenbelastung G/F, Leistungsbelastung G/N, Seitenverhältnis b^2/F und Profilform.

Wenn man nicht gerade einen verspannten Doppeldecker mit dünnem Flügelschnitt bauen will, so bleibt nur eine verhältnismäßig geringe Auswahl an geeigneten Profilformen. Anderseits bestimmt die Auswahl des Profils gleichzeitig das Seitenverhältnis, da es aus Gründen des Flügelgewichts bei Eindeckern unzweckmäßig ist, ein Seitenverhältnis von 6 bis 8 wesentlich zu überschreiten. Der Motor und seine Leistung und das ungefähre Gesamtgewicht der Maschine können ebenfalls als vorgegebene Größen angesehen werden. Als Unbekannte bleibt daher die Flächenbelastung.

Für die Wirtschaftlichkeit des Fluges ist neben dem Propellerwirkungsgrad η die Gleitzahl ausschlaggebend. Diese Tatsache ergibt sich aus der nachstehenden Beziehung:

$$W \cdot v = 75 \cdot N \cdot \eta$$
$$W = \frac{c_w}{c_a} \cdot G$$
$$v = 75 \frac{N \cdot \eta}{G} \cdot \frac{c_a}{c_w}.$$

Die zugehörige »beste Flächenbelastung« ergibt sich aus der Gleichgewichtsbedingung des Horizontalfluges zu:

$$\frac{G}{F} = \frac{75^2}{2\,g} \cdot \frac{1}{\left(\frac{G}{N}\right)^2} \cdot \eta^2 \cdot \gamma \cdot \frac{c_a^3}{c_w^2}.^1)$$

---

1) Für N ist in diesem Ausdruck die Leistung des für den Sparflug gedrosselten Motors ($\sim 0,6 \div 0,7$ Spitzenleistung) einzusetzen. Der Betrag von $\frac{c_a^3}{c_w^2}$ ist der besten Gleitzahl zuzuordnen.

Man ersieht aus dieser Gleichung, daß die zulässige obere Grenze der Flächenbelastung sehr stark von der Größe der Leistungsbelastung abhängt, die in der zweiten Potenz auftritt. Eine Vergrößerung des von der aerodynamischen Durchbildung des Flugzeugs abhängigen Faktors $\dfrac{c_a{}^3}{c_w{}^2}$, sei es z. B. durch Vergrößerung des Seitenverhältnisses, treibt ebenfalls den Wert der besten Flächenbelastung in die Höhe. Die wirtschaftlichste Flächenbelastung ist bei aerodynamisch hochwertigen Leichtflugzeugen von der Größenordnung $40 \div 50$ kg/m².

Einer derartigen Flächenbelastung entspricht bei Verwendung eines dicken Profils eine theoretische Landegeschwindigkeit von $v \sim$ 80 km/h. Wenngleich diese Landegeschwindigkeit bei großen Flugzeugen durchaus gebräuchlich ist, so pflegt man aus Gründen der Sicherheit bei Leichtflugzeugen Wert auf eine geringere Landegeschwindigkeit zu legen. Die vorstehende Überlegung zeigt aber jedenfalls,

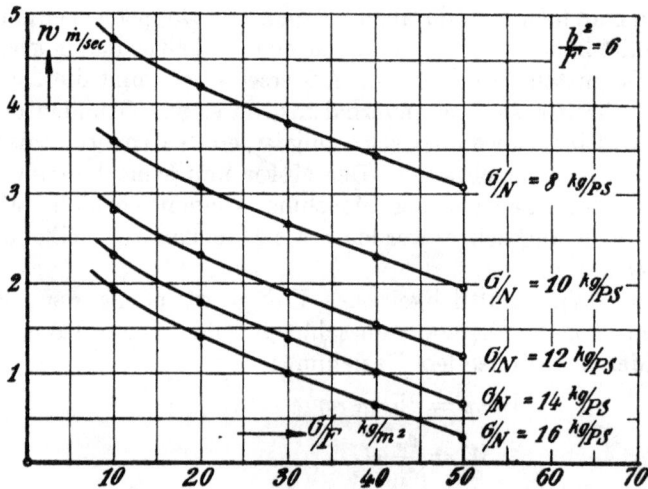

Abb. 53. Diagramm für die Steiggeschwindigkeit. (a)

daß es sich bei Leichtflugzeugen eher als bei größeren Flugzeugen verwirklichen läßt, im Horizontalflug mit dem Auftriebsbeiwert der besten Gleitzahl zu fliegen, ohne daß die Landegeschwindigkeit übermäßig groß wird.

Ungleich wichtiger und maßgebender als die Rücksicht auf die Landegeschwindigkeit ist beim Entwurf und bei der Wahl der Flächenbelastung der Zusammenhang zwischen Steigfähigkeit, Leistungs- und Flächenbelastung. Im Diagramm a (Abb. 53) ist der Zusammenhang der drei erwähnten Größen graphisch dargestellt unter Annahme eines

Seitenverhältnisses $\frac{b^2}{F} = 6$. Die Steiggeschwindigkeit w ergab sich aus folgendem Ausdruck:

$$w = \frac{75}{\frac{G}{N}} \cdot \eta - 4\sqrt{\frac{G}{F} \cdot \frac{c_w^2}{c_a^3}}.$$

Zur Ermittlung der in Abb. 53 dargestellten Kurven wurde eine Widerstandsfläche von 0,17 m² für Rumpf, Fahrgestell, Leitwerk usw. und ein mittlerer Profilwiderstand von $c_{wp} = 0{,}013$ zugrunde gelegt. Es wurde ferner mit einem durchschnittlichen Propellerwirkungsgrad $\eta = 0{,}6$ gerechnet, ein Wert, der eher zu günstig als zu niedrig gegriffen ist.

Es ist zweckmäßig, sich beim Entwurf ein weiteres Diagramm für ein höheres Seitenverhältnis, beispielsweise $\frac{b^2}{F} = 8$ aufzuzeichnen, um den Einfluß einer Spannweiten-Vergrößerung rasch ablesen zu können. Man kann derartige Rechnungsgänge sehr vereinfachen, wenn man die Steigzahl $\left(\frac{c_a^3}{c_w^2}\right)_{max}$ nach der von Klemperer und Bienen stammenden Formel berechnet:

$$\left(\frac{c_a^3}{c_w^2}\right)_{max} = C\sqrt{\frac{\lambda^3}{c_{ws}}}.$$

Hierbei ist eine ideale Polare mit konstantem Profilwiderstand zugrunde gelegt. In dem vorstehenden Ausdruck bedeuten:

$\lambda = $ Seitenverhältnis $= \frac{b^2}{F}$

$c_{ws} = $ Beiwert des schädlichen Widerstandes (Profil- und Rumpfwiderstand),

$C = $ Konstante.

Theoretisch ergibt sich für $C = 1{,}8$. Mit diesem Werte liefert die Formel jedoch infolge der besonders bei höheren c_a-Werten auftretenden Abweichungen der wirklichen Polare von der ideellen etwas zu hohe Werte. Man erzielt eine für Überschlagsrechnungen ausreichende Übereinstimmung mit dem auf umständlichere Weise aus dem Polardiagramm ermittelten Wert der Steigzahl, indem man für den Faktor C den Wert 1,6 einführt.

Ein weiteres zweckmäßiges Diagramm wird gewonnen, wenn man die verschiedenen Teilwiderstände, deren Bedeutung und Größenordnung im vorhergehenden Kapitel erläutert worden ist, in Abhängigkeit von der Geschwindigkeit oder noch besser vom Staudruck $q = \frac{\varrho}{2}v^2$ aufträgt (Abb. 54). Man geht wieder so vor, daß man ein bestimmtes

Seitenverhältnis und ein bestimmtes Gesamtgewicht zugrunde legt und erhält dann für den induzierten Widerstand und den Profilwiderstand eine Reihe von Kurvenscharen. Die Kurvenscharen für den induzierten Widerstand stellen sich als gleichseitige Hyperbeln dar, während sich Rumpf- und Profilwiderstand als Geraden abbilden, die durch den Ursprung laufen. Sie sind also durch je einen weiteren Punkt vollkommen bestimmt. Der ganze Rechnungsgang gestaltet sich nunmehr sehr einfach und ist in verhältnismäßig kurzer Zeit durchzuführen. In dem Diagramm b (Abb. 54) ist das Ergebnis einer derartigen Rechnung dargestellt, wobei ein Seitenverhältnis $\lambda = 6$ und ein Gesamtgewicht $G = 350$ kg zugrunde liegen.

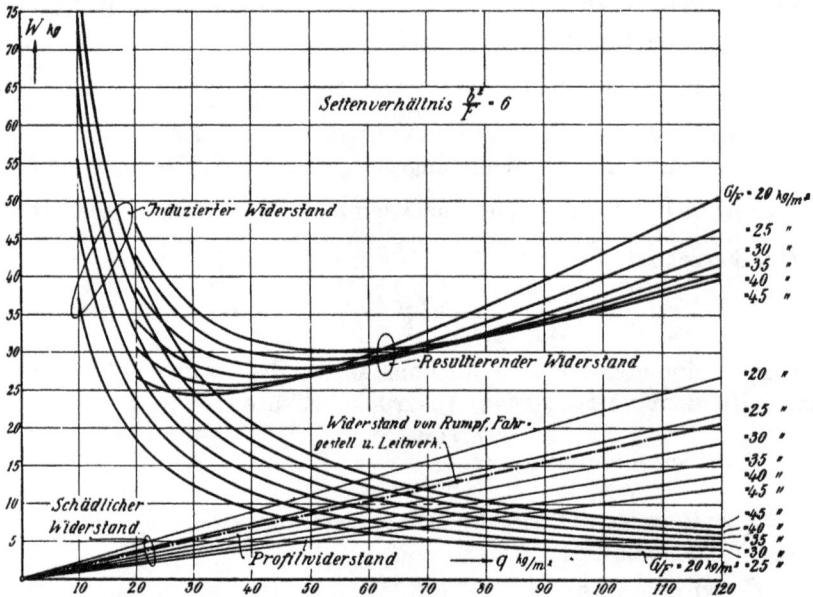

Abb. 54. Diagramm der Teilwiderstände. (b)

Bezeichnet man die Flächenbelastung $G/F = a$, so ergibt sich für den induzierten Widerstand des Eindeckers

$$W_i = \frac{G^2}{\pi \cdot q \cdot b^2} = \frac{1}{q} \frac{G \cdot a}{\pi \cdot \lambda}$$

Handelt es sich um einen Doppeldecker, so ist dieser Ausdruck noch mit dem Gütegrad $\varkappa$ zu multiplizieren.[1]

Der Profilwiderstand W_p ist bestimmt durch den Ausdruck:

$$W_p = c_{wp} \cdot F \cdot q$$

und der Widerstand der übrigen Teile

$$W_r = c_{wr} \cdot F \cdot q.$$

---

[1] Siehe S. 50.

Für c_{wp} kann man einen Mittelwert von 0,013 einführen. Dieser Wert entspricht einem guten dicken Profil. Wesentliche Schwankungen dieses Wertes sind, wie bereits erwähnt, nicht mehr zu erwarten.

Zur Bestimmung der Werte von W_r kann man den auf Seite 64 abgeleiteten Wert F_{er} zugrunde legen. Auch diese Größe dürfte einen praktischen Mittelwert darstellen, da man zur Unterbringung einer Person ohne einen bestimmten Mindestquerschnitt des Rumpfes nicht auskommt. Desgleichen wird man stets ein Leitwerk und ein Fahrgestell von Mindestgröße brauchen, und man darf vermuten, daß sich die zugrundegelegten Größen an der unteren Grenze des technisch Möglichen befinden. In der Nähe eines Minimums ändern sich die Größen bekanntlich nicht mehr stark.

Durch Summierung der zusammengehörigen Kurven erhält man schließlich eine Schar von Kurven des resultierenden Gesamtwiderstandes. Trägt man in diesem Diagramm noch den Propellerschub als Funktion des Staudrucks ein, vorausgesetzt, daß ein entsprechendes Messungsergebnis für den zugrunde gelegten Propeller vorliegt, so liefern die Schnittpunkte dieser Kurve mit den Kurven der Gesamtwiderstände die Geschwindigkeitsgrenzen des wagrechten Fluges. Im allgemeinen dürfte ein Messungsergebnis des Propellers unter Berücksichtigung des Einflusses von Flügel und Rumpf nicht vorliegen. Für die Abschätzung der Geschwindigkeitsleistung in erster Näherung dürfte es ausreichen, einen Wirkungsgrad von ungefähr 55—60 vH für die Umsetzung der dem Propeller zugeführten Motorleistung in Schubarbeit anzunehmen. Umgekehrt läßt sich der erforderliche Schub, der zur Erreichung einer bestimmten geforderten Geschwindigkeit notwendig ist, unmittelbar aus dem Diagramm ablesen.

Die beschriebene Kurvendarstellung entspricht dem bekannten von König stammenden Zugkraft-Diagramm. Wir sind jedoch ganz unabhängig vom Polardiagramm und von zeitraubenden Umrechnungen zu dieser Darstellung gelangt. Die beiden Diagramme a und b stellen für den ersten Entwurf ein sehr brauchbares Hilfsmittel dar. Zweckmäßig geht man dabei von dem Diagramm a aus. Man legt beispielsweise eine gewisse Mindeststeiggeschwindigkeit w am Boden zugrunde und liest die bei der gegebenen Leistungsbelastung mögliche Flächenbelastung ab. Dann geht man in das Diagramm b und ersieht, welcher Schub zur Erreichung einer bestimmten Höchstgeschwindigkeit nötig ist, bezw. welche Höchstgeschwindigkeit sich mit dem geschätzten Schub erreichen läßt. Es sind natürlich außerdem eine ganze Reihe von Variationsmöglichkeiten im Gebrauch dieser Diagramme denkbar, die sich von Fall zu Fall ergeben. Man kann z. B. danach fragen, welche Flächenbelastung für einen gegebenen Schraubenschub das Maximum der Horizontalgeschwindigkeit liefert, und ersieht dann aus Diagramm a, ob die Steigfähigkeit unter dieser Annahme noch genügend groß ist, um einen sicheren

Abflug auch von beschränktem Gelände zu gewährleisten. Der Einfluß von Verbesserungen der Rumpfform und der Fahrgestellbauart (einziehbare Fahrgestelle, eingebaute Räder) läßt sich ebenfalls ohne weiteres ablesen bzw. interpolieren.

4. Die genaue Leistungsberechnung auf Grund des Polardiagramms.

Die vorstehenden Ableitungen gelten naturgemäß nur zur Abschätzung der voraussichtlichen Leistungen bei der Festlegung der Grundlinien des Entwurfs. Es kommt jedoch dem Konstrukteur erfahrungsgemäß

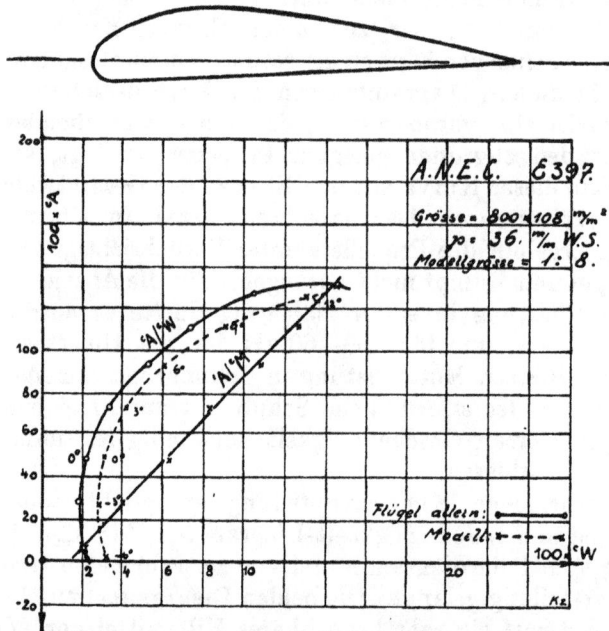

Abb. 55. Polardiagramm des engl. A.N.E.C.-Einsitzers. (Österr. Messung.)

weniger darauf an, die genaue Leistung selbst zu ermitteln als der Bedeutungsakzent der verschiedenen Veränderungen im Verhältnis zu einander zu erfahren. Voraussetzung für eine genauere Berechnung der Leistungen ist das Vorhandensein eines auf Grund einer Modellmessung gewonnenen Polardiagramms.

a) Geschwindigkeitsberechnung.

Die am Propeller abgenommene Leistung wird zur Hub- und Schubarbeit verwendet. Im Horizontalfluge reicht die Hubarbeit gerade aus, um das Sinken der Maschine aufzuheben. Aus den beiden Grundgleichungen für den Horizontalflug ergeben sich für die Geschwindigkeit folgende Ausdrücke:

$$v = \sqrt{\frac{2\,g \cdot G}{\gamma\,F \cdot c_a}} = 75\,\frac{N \cdot \eta}{G} \cdot \frac{c_a}{c_w}.$$

Man erhält hierauf durch Auflösung nach $\dfrac{c_a^3}{c_w^2}$ und durch Einführung von $\nu = \dfrac{N_o}{N_x}$ und γ_x (Luftdichte in der Höhe x)

$$\frac{c_a^3}{c_w^2} = \frac{2\,g}{75^2}\left(\frac{G}{N_0}\right)^2 \frac{G}{F} \cdot \frac{1}{\nu^2 \cdot \eta^2 \cdot \gamma}$$

$N_o =$ Bodenleistung des Motors,
$N_x =$ Leistung in Höhe x bei einer Luftdichte γ_x.

Der Verlauf von ν als Funktion der Flughöhe bzw. der Luftdichte ist für die im Leichtflugzeugbau verwendeten Motoren nicht gegeben, da Bremsdiagramme in der Unterdruckkammer noch nicht aufgenommen worden sind.

Für die Leistungsabnahme mit der Höhe kann zweckmäßig folgendes Gesetz angenommen werden: Die indizierte Leistung ändert sich proportional der Luftdichte. Etwa 15 vH dieser Leistung gehen für innere Reibungsarbeit verloren. In Wirklichkeit nimmt die Leistung in größerer Höhe stärker ab. Das Gesetz, nach dem diese Abnahme erfolgt, ist für jeden einzelnen Motor verschieden und hängt insbesondere stark von der Düseneinstellung des Vergasers ab. Im Bereich der Höhen, in denen Leichtflugzeuge im allgemeinen fliegen, sind diese Abweichungen verhältnismäßig gering. Wir können daher mit guter Annäherung an die Praxis ein allgemeines Gesetz für die Leistungsabnahme zugrunde legen, welches durch das Diagramm in Abb. 56 veranschaulicht wird. Auf Grund dieses Diagramms ergeben sich folgende Beziehungen zwischen der indizierten und der effektiven Leistung:

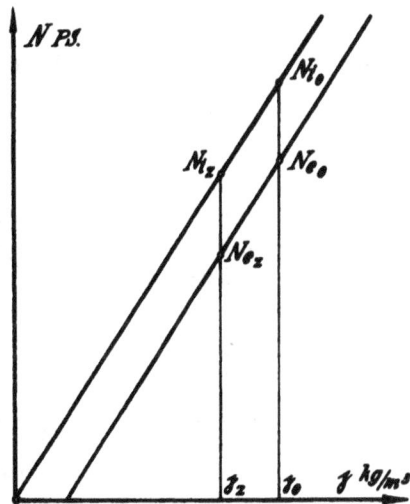

Abb. 56. Effektive und indizierte Leistung als Funktion der Luftdichte.

$$Ni_x = Ni_o \cdot \frac{\gamma_x}{\gamma_o}.$$

$$Ne_x = Ni_o - (Ni_o - Ne_o).$$

Führt man den mechanischen Wirkungsgrad η_m ein, so erhält man folgenden Ausdruck für die effektive Leistung in der Höhe z

$$N_{ez} = \frac{N_{e0}}{\eta_m}\left(\frac{\gamma_z}{\gamma_0} - (1 - \eta_m)\right), \text{ oder}$$

oder

$$v = \frac{N_{ez}}{N_{e0}} = \frac{1}{\eta_m}\left(\frac{\gamma_z}{\gamma_0} - (1 - \eta_m)\right).$$

Mit Hilfe dieses Ausdrucks ist es möglich, die Leistung des Motors und damit den zugehörigen Wert von $\frac{c_a^3}{c_w^2}$ zu ermitteln. Aus einer mit Hilfe des Polardiagramms ermittelten Kurve, welche den Verlauf von $\frac{c_a^3}{c_w^2}$ als Funktion von c_a darstellt, kann dann der zugehörige Auftriebsbeiwert abgelesen werden. Dann ergibt sich die horizontale Geschwindigkeit mit Hilfe der Beziehung:

$$v = \frac{1}{c_a 1/2}\sqrt{\frac{2g}{\gamma} \cdot \frac{G}{F}} \;;$$

In Bodennähe ist

$$\sqrt{\frac{2g}{\gamma}} \sim 4.$$

Zweckmäßig führt man die Rechnung für mehrere Werte des Propellerwirkungsgrades η durch und trägt v in einem Diagramm als Funk-

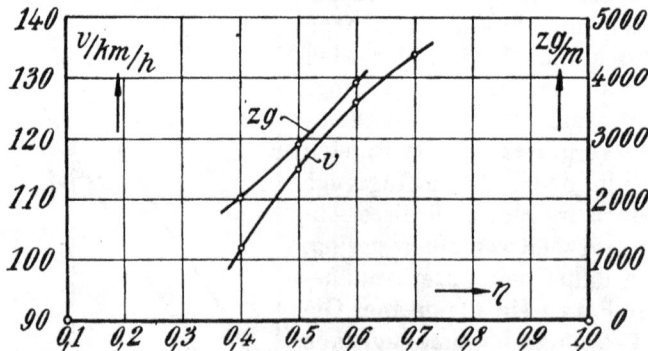

Abb. 57. Gipfelhöhe z_g und Höchstgeschwindigkeit v als Funktion von η.

tion von η auf (Abb. 57). In verschiedenen Handbüchern und Rechenblättern werden derartige Rechnungen für einen bestimmten Wirkungsgrad von η — meistens $\eta = 0,7$ — durchgeführt. Dieser sogenannte »Mittelwert« für den Wirkungsgrad hat sich derart eingebürgert, daß er nahezu den Charakter einer geheiligten Konstante angenommen hat. Dabei ist es noch bei keiner der vorliegenden Auswertungen von

Versuchsflügen gelungen, einen derartig hohen Wirkungsgrad am Flugzeug festzustellen. Nach Hopf kann auf Grund der von der Flugzeug-
meisterei im Kriege vorgenommenen Versuche ungefähr mit 70 vH des
maximalen theoretischen Wirkungsgrades am Flugzeug gerechnet
werden. (Im Horizontalflug $\eta = 0{,}64$, beim steilsten Anstieg $\eta = 0{,}58$.)
Diese praktischen Beobachtungen decken sich mit den Ergebnissen von
Modellversuchen, die in der jüngsten Zeit in der Versuchsanstalt in Göttingen ausgeführt worden sind. Es zeigte sich auch hierbei, daß es nicht
möglich ist, am Flugzeugmodell den gleichen Wirkungsgrad herauszu-
bringen, den der Propeller in der ungestörten Strömung erreicht[1]). Aus
diesen Gründen erscheint es richtiger, die oben beschriebene Darstellung zu wählen, wobei der Wirkungsgrad als unabhängige und die resultierende Geschwindigkeit als abhängige Variable dargestellt sind.

b) Ermittelung der Steigleistungen.

Eine einfache und übersichtliche Darstellung der Leistung ergibt sich,
wenn man in einem Diagramm die erforderliche und die erzielbare Leistung
als Funktion der Geschwindigkeit aufträgt. Die erforderliche Leistung
in Bodennähe ergibt sich aus folgendem Ausdruck:

$$L = 0{,}0554 \cdot G \cdot \sqrt{\frac{G}{F} \cdot \frac{\frac{1}{c_a{}^3}}{c_w{}^2}} \cdot \frac{1}{\eta} \text{ PS für } \varrho = \frac{\gamma}{g} = \frac{1}{8}.$$

Die verfügbare Leistung beträgt:

$$L' = Ne_o \cdot \eta \text{ PS.}$$

Für den Wirkungsgrad η kann man entweder einen Mittelwert
einführen, oder, falls eine Messung des Propellers vorliegt, den Wirkungsgrad jeweils für die verschiedenen Werte des Fortschrittsgrades v/u
ermitteln. Die Schnittpunkte beider Kurven liefern den Geschwindigkeitsbereich. An der Stelle des größten Abstandes beider Kurven ist
der größte Überschuß für die Steigleistung vorhanden.

Aus einer derartigen Darstellung geht sehr anschaulich hervor, wie
die am Propeller abgenommene Leistung einerseits zum Schweben
und anderseits zum Steigen aufgebraucht wird. Bezeichnungen wir mit w
die Steiggeschwindigkeit, so besteht folgende Beziehung:

$$N \cdot \eta = \frac{G \cdot w}{75} + \sqrt{\frac{2\,g}{\gamma} \cdot \frac{G}{F} \cdot \frac{c_w{}^2}{c_a{}^3}}$$

Der Wurzelwert stellt den Betrag der Sinkgeschwindigkeit dar.
Führt man den Wert

$$N_x = N_o \cdot v$$

in diese Gleichung ein und löst nach w auf, so ergibt sich:

---

[1]) Auf Grund einer persönlichen Mitteilung.

$$w = \frac{75 \cdot N_0 \cdot v \cdot \eta}{G} - \sqrt{\frac{2\,g}{\gamma_z} \cdot \frac{G}{F} \cdot \frac{c_w^2}{c_a^3}}.$$

In der Gipfelhöhe ist $w = 0$, daher

$$\frac{1}{\eta^2 \cdot v^2 \cdot \gamma_z \cdot \dfrac{75^2}{2\,g}} = \frac{\dfrac{c_a^3}{c_w^2}}{\left(\dfrac{G}{N_0}\right)^2 \cdot \dfrac{G}{F}}$$

Wir führen für den linksstehenden Ausdruck die Bezeichnung ψ ein. Zweckmäßig wählt man für $\dfrac{c_a^3}{c_w^2}$ den Maximalwert und rechnet hierauf die zugehörigen Werte von ψ unter Annahme verschiedener Wirkungsgrade aus. Die zugehörigen Gipfelhöhen ergeben sich dann aus einem Diagramm, welches ψ als Funktion von h bzw. der Luftdichte zeigt (Abb. 58).

Zur Aufstellung der theoretischen Steigkurve wählt man einen linearen Verlauf von η — z. B. 0,5 in Bodennähe und 0,6 in der Gipfelhöhe — und entnimmt Mittelwerte für v aus dem Diagramm in Abb. 58. Die nachstehende Zahlentafel enthält Mittelwerte für die Luftdichte γ.

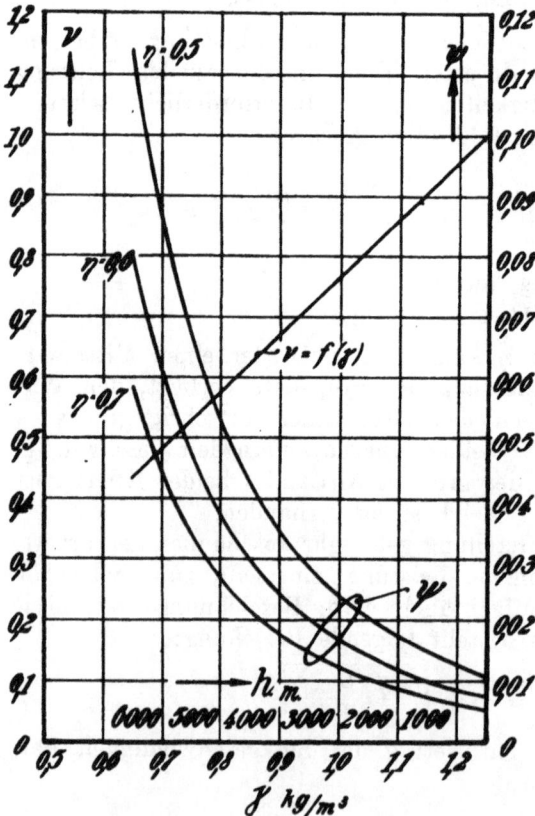

Abb. 58. Diagramm für v und ψ.

Höhenstufe m	Mittelwert für γ kg/m³
0—1000	1,18
1000—2000	1,07
2000—3000	0,96
3000—4000	0,96
4000—5000	0,77
5000—5500	0,71

Alsdann ermittelt man w und hierdurch die Steigzeiten für eine Reihe von Stufen, von je 500 oder 1000 m.

Im allgemeinen stimmen die theoretisch ermittelten Steigzahlen nicht so gut mit den wirklichen Versuchsergebnissen überein wie die

Geschwindigkeiten. Diese Erscheinung beruht auf der starken Abhängigkeit der Steigleistungen vom Gefühl und der Erfahrung des Piloten, der den richtigen Ausgleich zwischen Wirkungsgrad des Propellers und günstigem Anstellwinkel zum Steigen abzuschätzen hat.

Für Gipfelhöhe und Steigzeit hat Kann in seiner bekannten Abhandlung Formeln aufgestellt, die noch häufig Berechnungen zugrunde gelegt werden. In ihrer ursprünglichen Gestalt sind sie nicht empfehlenswert, da sie eine der Luftdichte verhältige Abnahme der Motorleistung zur Voraussetzung haben. Wie wir bereits eingangs gesehen haben, trifft diese Annahme nur für die induzierte Leistung des Motors zu, während die effektive Leistung anderen Gesetzen unterliegt. Hoff[1]) hat die Kannschen Formeln von den gleichen Gesichtspunkten aus umgearbeitet, die wir für die Leistungsabnahme im Vorstehenden eingeführt haben.

5. Die Luftschraube.

Wir haben im Vorhergehenden mit dem von der Schraube gelieferten Schub als einer gegebenen Größe gerechnet. Die genaue analytische Berechnung des Schraubenschubs ist wesentlich schwieriger und unsicherer als die Ermittlung des resultierenden Widerstandes.

Der Entwurf bzw. die Auswahl einer geeigneten Luftschraube bildet ein Kapitel für sich von ganz besonderer Bedeutung. Es ist dem Konstrukteur anzuraten, es nicht der Propellerfabrik allein zu überlassen, die Schraube nach mehr oder weniger schematischen Grundsätzen auszuführen, sondern er sollte bestrebt sein, den Entwurf der Schraube selbst auszuführen und den besonderen Anforderungen seines Flugzeuges anzupassen. Bei aller Sorgfalt des Entwurfs wird sich allerdings ein gewisses Herumprobieren schwerlich vermeiden lassen. Zur Frage des Entwurfs stehen zwei Wege offen. Ähnlich wie man sich beim Entwurf der Tragflügel auf die durch Modellmessungen ermittelten Luftkraftbeiwerte verläßt, kann man sich auf Messungsergebnisse mit Modellpropellern stützen. Eine größere Reihe derartiger Propellerversuche sind von dem amerikanischen »National Advisory Committee for Aeronautics« gewonnen worden. Es handelt sich um die dem wissenschaftlich arbeitenden Konstrukteur seit einiger Zeit bekannten Arbeiten von Durand und Leslie. Die Versuchsergebnisse sind im Windkanal an Versuchspropellern von 60 cm Durchm. gewonnen worden, bei denen die verschiedenen Parameter (Blattprofil, Steigung, Blattbreite und Umrißform) systematischen Veränderungen unterworfen wurden. Die Messungsergebnisse sind in Form von dimensionslosen Beiwerten für Schub und Moment ausgewertet worden.

Für die Auswahl einer geeigneten Schraube sind Diagramme besonders zweckmäßig, die den Momentenbeiwert und den zugehörigen

[1]) Brenner, Die Steigleistung von Flugzeugen. Z. F. M. 1924, Heft 7 und 8.

Wirkungsgrad η als Funktion des Fortschrittsgrades $\dfrac{v}{u} = \lambda$ bzw. eines ähnlich gebildeten Wertes enthalten.

In dem nachstehenden, dem Rep. 141 (1922) entnommenen Diagramme ist der Beiwert C_1 über Werten von $\dfrac{v}{N \cdot D}$ aufgetragen, die dem bei uns gebräuchlichen Ausdruck $\lambda =$ Fortschrittsgrad entsprechen (Abb. 59).

$$\frac{v}{N \cdot D} = \pi \cdot \lambda.$$

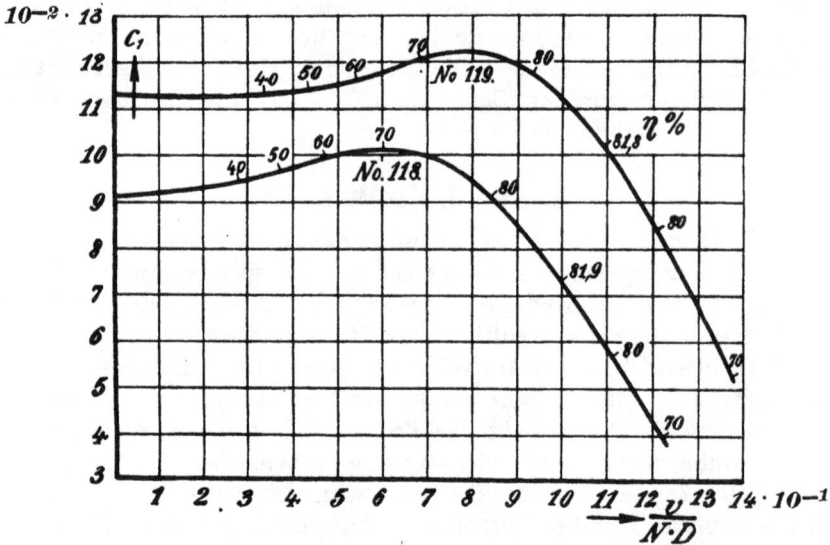

Abb. 59. Propellerdiagramm.

Ich halte es für zweckmäßig, die amerikanischen Originalbezeichnungen beizuhalten, solange man sich in Deutschland noch nicht endgültig über dimensionslose Einheiten für Luftschraubenmessungen geeinigt hat.

Die einzelnen Bezeichnungen bedeuten:

$D =$ Durchmesser in m,

$N =$ Drehzahl in der Sekunde,

$v =$ Geschwindigkeit in m/s,

$\dfrac{\gamma}{g} =$ Luftdichte,

$L =$ Leistung an der Motorwelle in m/kg.

Es wurden folgende Beiwerte abgeleitet:

$$C_1 = \frac{L}{\varrho \cdot N^3 \cdot D^5}$$

$$C_2 = \frac{L}{\varrho \cdot v^3 \cdot D^2}$$

$$C_3 = \frac{L}{\varrho \cdot v^5 \cdot N^{-2}}.$$

Diese Koeffizienten selbst sind wiederum durch folgende Beziehungen miteinander verknüpft:

$$\frac{C_1}{C_2} = \left(\frac{v}{N \cdot D}\right)^3$$

$$\frac{C_2}{C_3} = \left(\frac{v}{N \cdot D}\right)^2$$

Die Werte dieser Koeffizienten und des Wirkungsgrades sind für die beiden dem in Abb. 59 dargestellten Diagramm zugehörigen Propeller nachstehend zusammengestellt.

Propeller Nr. 118 und 119.

Abmessungen der Teilprofile (siehe Abb. 60)

(in vH des Radius R).

Lage des Schnittes in vH des Radius	AB	AE	AC und BD	EG	EH	RS	Θ in Grad
0,222	0,107	0,0556	0,00278	0,0556	0,0662	0,01	78
0,389	0,179	0,0595	0,00278	0,0333	0,0561	0,0044	69
0,556	0,174	0,0584	0,00278	0,0278	0,0466	0,0044	60
0,723	0,149	0,0495	0,00278	0,0222	0,0366	0,0039	51
0,890	0,105	0,0350	0,00278	0,0167	0,0272	0,0028	42

Propeller Nr. 118.

$\dfrac{v}{N \cdot D}$	C_1	C_2	C_3	η
0,25	0,0937	5,997	95,96	0,357
0,30	0,0945	3,500	38,89	0,421
0,35	0,0959	2,237	18,26	0,483
0,40	0,0972	1,519	9,493	0,540
0,45	0,0984	1,080	5,333	0,590
0,50	0,0999	0,7993	3,197	0,631
0,55	0,1009	0,6065	2,005	0,668
0,60	0,1011	0,4681	1,304	0,699
0,65	0,1010	0,3678	1,8705	0,727
0,70	0,1000	0,2916	0,5952	0,753
0,75	0,0980	0,2327	0,4130	0,773
0,80	0,0946	0,1848	0,2887	0,789
0,85	0,0902	0,1469	0,2033	0,801
0,90	0,0852	0,1169	0,1443	0,810
0,95	0,0792	0,0924	0,1024	0,816
1,00	0,0729	0,0729	0,0729	0,819
1,05	0,0660	0,0570	0,0517	0,817
1,10	0,0586	0,0440	0,0364	0,804
1,15	0,0509	0,0336	0,0253	0,774

Propeller Nr. 119.

$\frac{v}{N \cdot D}$	C_1	C_2	C_3	η
0,25	0,1128	7,220	115,5	0,301
0,30	0,1130	4,185	46,50	0,309
0,35	0,1131	2,638	21,54	0,411
0,40	0,1137	1,777	11,11	0,464
0,45	0,1144	1,255	6,198	0,512
0,50	0,1153	0,9225	3,690	0,561
0,55	0,1164	0,6996	2,313	0,606
0,60	0,1177	0,5449	1,514	0,646
0,65	0,1195	0,4351	1,030	0,680
0,70	0,1210	0,3528	0,7200	0,710
0,75	0,1220	0,2892	0,5141	0,738
0,80	0,1221	0,2385	0,3727	0,760
0,85	0,1250	0,2036	0,2818	0,779
0,90	0,1196	0,1641	0,2026	0,790
0,95	0,1167	0,1361	0,1508	0,805
1,00	0,1125	0,1125	0,1125	0,813
1,05	0,1073	0,0927	0,0841	0,817
1,10	0,1011	0,0760	0,0628	0,818
1,15	0,0935	0,0615	0,0465	0,812
1,20	0,0851	0,0492	0,0342	0,802
1,25	0,0762	0,0390	0,0250	0,785
1,30	0,0670	0,0305	0,0181	0,758

Die Auswahl erfolgte mit besonderer Rücksicht auf die bei Leichtflugzeugen mit untersetzten Drehzahlen durchschnittlich gegebenen Verhältnisse hinsichtlich Fortschrittsgrad und motorischer Leistung.

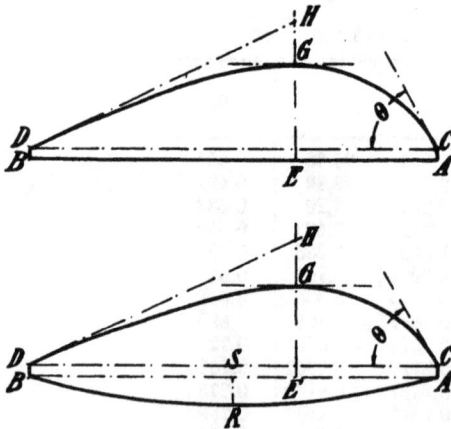

Abb. 60. Blattprofile.

Für die Auswahl sehr raschlaufender Schrauben kleinen Durchmessers geben die amerikanischen Versuchsergebnisse wenig Anhalt.

Die beiden Schrauben 118 und 119 gehören der gleichen Propellerfamilie an. Sie besitzen gleiche Blattform und gleiche Blattprofile und unterscheiden sich lediglich durch die Steigung H.

Für Propeller 118 ist $H = 1,1 D$, für 119 ist $H = 1,3 D$.

Im Flugzeugbau handelt es sich meistens bei der Auswahl der Schrauben um folgende Problemstellung:

Gegebene Größen: Luftdichte, Drehzahl, Leistung.

Gesucht: Durchmesser der Schraube, Steigung und Flügelform. Zwei Beispiele mögen den Rechnungsgang näher erläutern.

Es handele sich darum, für einen im Verhältnis 1:2 untersetzten Motor, der bei 3000 Umdr. 30 PS effektiv leistet, einen geeigneten Propeller auzuführen, der in 500 m Höhe (Luftdichte $\varrho = 0,118$) bei $v = 33,4$ m/s $= 120$ km/h die an der Motorwelle abgenommene Leistung bei möglichst günstigem Wirkungsgrad η in Schubarbeit umsetzt. Die bauliche Ausführung des Flugzeuges gestatte die Anwendung eines Propellerdurchmessers von 1,5—1,7 m.

Zusammenstellung der Daten:

$n = 1500$ Umdr./min,
$N = 25$ Umdr./s,
$L = 30$ PS $= 2250$ mkg/s,
$D = 1,7$ m Durchm.,

$$\frac{v}{N \cdot D} = \frac{33 \cdot 4}{25 \cdot 1,7} \infty 0,785.$$

Propeller 118 liefert bei diesem Wert von $\dfrac{v}{N \cdot D}$ den Beiwert:

$C_1 = 0,0946$

$$D = \sqrt[5]{\frac{2250}{0,118 \cdot 25^3 \cdot 0,0946}} = 1,67 \text{ m}.$$

Kontrolle:

$$\frac{v}{N \cdot D} = \frac{33,4}{25 \cdot 1,67} = 0,8.$$

Der Wirkungsgrad beträgt hierbei

$$\eta = 0,789.$$

Der theoretisch erzielbare Schub (bei idealem unbeeinflußtem Schraubenstrahl) beträgt somit:

$$S = \frac{2250 \cdot 0,789}{33,4} = 53 \text{ kg}.$$

In Wirklichkeit ist mit einem Verlust von etwa 15—20 vH mit Rücksicht auf den Einfluß von Rumpf und Flügeln zu rechnen.

Es sei nun noch untersucht, wie sich die Schraube bei anderen Flugzuständen, z. B. im Sparflug verhält. Wir nehmen eine Drosselung auf $n = 1300$ ($N = 21,8$) und eine Fluggeschwindigkeit von 100 km/h $= 28$ m/s an. Wir erhalten mit diesen Werten:

$$\frac{v}{N \cdot D} = 0,78$$

$C_1 = 0,096$,
$L = 1460$ mkg $= 19,5$ PS,
$\eta = 0,77$,
Theoretisch möglicher Schub $\infty 40$ kg.
Praktisch erzielbarer Schub $\infty 32$ kg.

Eine genaue analytische Konstruktion muß sich einerseits auf die neuzeitlichen Erkenntnisse der Theorie der idealen Schraube in reibungsloser Strömung stützen und anderseits dabei die empirischen Forschungsergebnisse für Reibungs- und Formwiderstand berücksichtigen. Bendemann hat die von Rankine stammende Strahltheorie erweitert und die Begrenzung des theoretischen Höchstwirkungsgrades durch die Verluste im Schraubenstrahl dargestellt. Betz hat die Verluste durch Strahlrotation bestimmt und die Erkenntnisse der Tragflügeltheorie auf die ideale Schraube mit unendlich großer Flügelzahl übertragen. Er hat dabei gefunden, daß für die Schraube ein Analogon mit der von Munk stammenden Minimalbedingung des induzierten Widerstandes von Tragflügeln besteht. Er hat dabei gleichzeitig berechnet, wie der Schub zur Erfüllung dieser Minimalbedingung über dem Flügelblatt verteilt sein muß. Prandtl hat schließlich ein Annähelungsverfahren angegeben, um für eine Schraube mit endricher Flügelzahl die günstigste Schubverteilung festzulegen.

Die Berücksichtigung des Profilwiderstandes führt darauf, in jedem Punkte des Radius Richtung und Betrag des resultierenden Strömungsvektors zu ermitteln. Das Profil jedes Propellerelements ist dann nach dem Grundsatz auszuwählen, daß die Profilgleitzahl unter Zugrundelegung der nach der Prandtlschen Vorschrift ermittelten Schubverteilung möglichst klein ist.

Die erwähnten Arbeiten sind in der technisch theoretischen Literatur ziemlich verstreut. Helmbold hat den Versuch unternommen, die Ergebnisse dieser Forschungsarbeiten einheitlich zu einem analytischen Verfahren der Schraubenberechnung zusammenzufassen, das einem neuzeitlichen Entwurf zugrunde gelegt werden kann.[1] Es würde zu weit führen, an

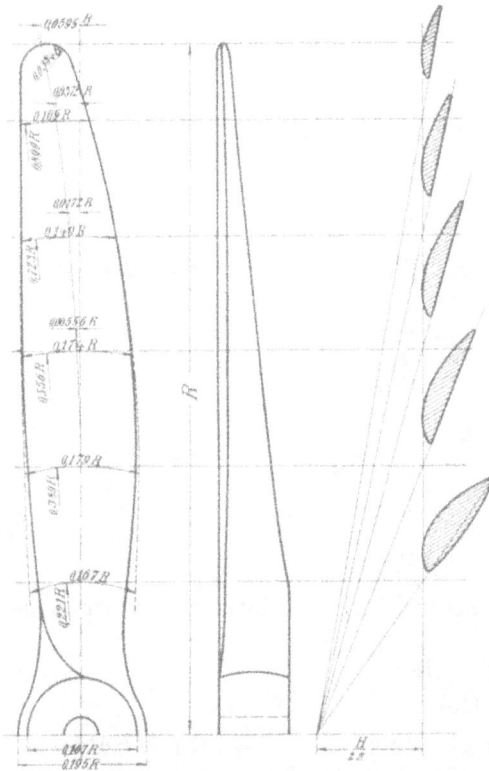

Abb. 61. Abmessungen des Flügelblattes auf Radius R bezogen.

[1] Z.F.M. 1924, Heft 15 und 16.

dieser Stelle im einzelnen auf diese Fragen einzugehen. Das Problem soll mit Hinweis auf die genannten theoretischen Arbeiten sein Bewenden finden.

Leider bietet das empirische und ein noch so exaktes und umfassendes analytisches Verfahren keine sichere Gewähr dafür, daß der danach konstruierte Propeller wirklich in der Praxis die an ihn gestellten Anforderungen erfüllt. Es hat sich nämlich gezeigt, daß die Einflüsse von Rumpf und Flügelform den Wirkungsgrad in sehr hohem Maße beeinflussen. Die Einwirkung des Rumpfes kann sich besonders bei unmittelbarem Schraubenantrieb stark geltend machen. Infolge der hohen Drehzahlen kommt man auf Schraubendurchmesser von nur etwa 1 m, so daß ein großer Teil der Schraubenkreisfläche vom Rumpf ausgefüllt wird. Dies kann, wie die Erfahrungen an englischen Leichtflugzeugen gezeigt haben (z. B. am Westland-Eindecker) zu außerordentlich schlechten Wirkungsgraden führen.

Man hat festgestellt, daß der Wirkungsgrad dadurch um 20—30 vH verschlechtert werden kann. Es wird unmöglich sein, diesen Einfluß auf irgendeine Weise rechnerisch exakt zu erfassen. Immerhin geben das empirische und das analytische Verfahren den sichersten Anhalt für den ersten Entwurf der Schraube, deren endgültige Form am Modell oder am wirklichen Flugzeug auf Grund systematischer Änderungen ermittelt werden muß.

Bei unmittelbarem Antrieb der Schrauben kommt es infolge der hohen Drehzahlen der bisher üblichen Leichtmotoren unter Umständen dazu, daß die Schraubenflügel an ihrem äußersten Ende mit einer Umfangsgeschwindigkeit rotieren, die der Schallgeschwindigkeit nahekommt oder sie erreicht. In diesem Fall tritt ein grundlegender Umschlag der Strömung ein, die sich in zwei Wellenzügen von der Vorderkante löst. Es gelten dann natürlich ganz andere Gesetze für den Widerstand der Teilprofile des Flügelblattes. Die sonst üblichen dicken Profile sind bei derartig hohen Umfangsgeschwindigkeiten durchaus ungünstig. Das Flügelblatt muß im Gegenteil möglichst dünn und mit einer messerscharfen Schneide ausgebildet werden. Auf diesen Grundsätzen beruht die amerikanische, nur aus einem einzigen Stück Duralumin geschmiedete Reedschraube, die sich an amerikanischen Rennflugzeugen mit hochtourigen Motoren sehr gut bewährt haben soll. Man darf annehmen, daß sich diese Schraubenbauart, abgesehen von ihren sonstigen konstruktiven Vorzügen (geringes Gewicht, Biegbarkeit der Flügel) auch für Leichtflugzeuge sehr gut eignet.

6. Die Ausbildung der Steuerorgane.

In der Anordnung der Steuerorgane hat sich bisher im Leichtflugzeugbau eine ausgesprochene Einheitlichkeit entwickelt, die nur ausnahmsweise durchbrochen wird. Dagegen findet man noch häufig Abweichungen hinsichtlich der Form und der Abmessungen der Steuerflächen, wobei man oft feststellen muß, daß beim Entwurf dieser Formen das persönliche Gefühl und der Geschmack des betreffenden Konstrukteurs ein wesentlichere Rolle gespielt haben als tatsächliche Erfahrung. In der englischen und anerikanischen Fachliteratur sind eine ganze Reihe systematischer Untersuchungen niedergelegt, die sich mit der zweckmäßigsten Ausbildung der Steuerflächen, insbesondere der Verwindungsklappen beschäftigen. Deutsche systematische Untersuchungen sind, abgesehen von den in den »Technischen Berichten« niedergelegten Versuchsergebnissen für Höhenleitwerke neuerdings nur in beschränktem Maße durchgeführt worden bzw. zur Veröffentlichung gelangt.

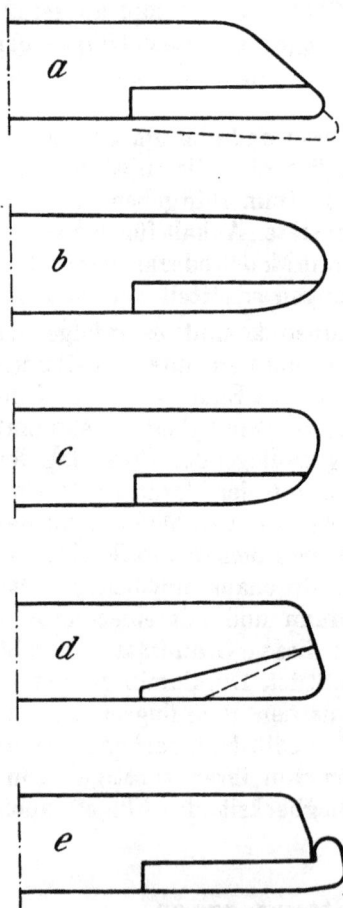

Abb. 62. Querruderformen.

a) Querruder.

Die größte Unsicherheit der Konstrukteure äußert sich erfahrungsgemäß bei der Ausbildung der Verwindungsklappen. Der eine Flugzeugbauer hält auf Grund irgendeiner intuitiven Vorstellung eine lappenartige Ausschweifung der Flügelenden für besonders wirkungsvoll, der andere verspricht sich eine besonders gute Wirkung von schräglaufenden Klappenachsen usw.

Aufschluß über die zweckmäßigste Formgebung und Bemessung von Verwindungsklappen gibt ein lehrreicher Bericht von W. S. Diehl[1]). Diehl untersucht in dieser Arbeit in kritischer Weise die Wirksamkeit der in Abb. 62 dargestellten Flügel- und Klappenformen auf Grund der zahlreichen englischen und amerikanischen Versuchsarbeiten. Er kommt dabei zu dem Schluß, daß die Formen, die eine eliptische Abrundung der Flügelenden und eine parallel zur Holmrichtung verlaufende Klappenachse zeigen, die größte Wirksamkeit versprechen. Die beiden anderen Formen, die häufig auch noch angewendet werden, erweisen sich im Lichte einer kritischen Betrachtung als ungünstig. So können bei der Ausführung a mit verlängerter Hinterkante sehr unangenehme Schwingungen der Klappen durch die Ablösung des Wirbelzopfes, die in der Nähe der Vorder-

---

[1]) N. A. C. Rep. Nr. 144, 1923.

kante des Flügels erfolgt, eintreten. Man hat die Druckverteilung an verschieden geformten Flügelenden eingehend gemessen und topographisch dargestellt. Es zeigte sich dabei sehr deutlich, daß bei den nach a und d geformten Flügelenden an den Ansatzstellen der Wirbelzöpfe engbegrenzte Gebiete von sehr hohem Unterdruck auftreten, die sich auch auf die Klappen erstrecken können und dann das Rudermoment vergrößern. Die elliptisch abgerundeten Flügel ergaben einen weit gleichförmigeren Verlauf in der Verteilung des Unterdrucks über den Flügelenden. Besonders vorteilhaft ist die Ausführung c mit verlängerter Vorderkante, weil hierbei der abgelöste Wirbelzopf die Klappe nicht mehr beeinflussen kann. Ausführungen nach e mit Ausgleichszipfeln sind unzweckmäßig.

Als beste Abmessung gibt Diehl für nach b oder c geformte Klappen folgende Daten an:

Spannweite b' $= 0,4{-}0,5$ der halben Flügelspannweite, auf alle Fälle mehr als 35 vH.

Klappentiefe $= 0,2{-}0,25$ der Flügeltiefe.

Klappenfläche $= 0,09{-}0,12$ der Flügelfläche.

Als Wertmesser ist hierbei der in der angelsächsischen Fachliteratur übliche »Wirkungsgrad« für Steuerflächen herangezogen worden, der als Quotient aus dem erzielten Steuermoment und dem Moment um die Achse des Ruders gebildet wird. Bei größeren Klappenspannweiten verschlechtert sich dieser Wirkungsgrad zwar etwas, jedoch ist man bei Leichtflugzeugen im allgemeinen wegen der geringeren Geschwindigkeit, insbesondere bei der Landung, und im Zusammenhang mit den im Verhältnis der Staudrücke reduzierten Steuerdrücken zu einer großen Klappenfläche und damit auch zu einer größeren Klappenbreite gezwungen. Bei dem De Havilland-Eindecker, der eine sehr gute Steuerbarkeit besitzt, beträgt die Klappenbreite ungefähr 70 vH der halben Flügelspannweite. Neuerdings ist man in England vor allem bei Doppeldeckerbauarten dazu übergegangen, die Klappen über die ganze Spannweite hin verlaufen zu lassen, und sie nicht nur zur Quersteuerung, sondern auch gleichzeitig zur Wölbungsvergrößerung und Auftriebserhöhung beim Landen heranzuziehen.

Auf Grund einer Reihe eigener Versuchsarbeiten läßt sich die Vermutung aussprechen, daß bei dicken Flügelprofilen die Wirkung der Klappen stärker ist als bei dünnen Flügelschnitten, entsprechend einem steileren Anstieg von $dca/d\delta$, wobei dca die bewirkte Vergrößerung der Auftriebskomponente und $d\delta$ die Veränderung des Klappenausschlages bezeichnen. Nach den Flügelenden hin verjüngte Flügeldicke wirkt auf Grund amerikanischer Untersuchungen auf die Wirksamkeit der Querruder günstig ein.

Eine wesentliche Verstärkung der Klappenwirkung läßt sich dadurch erreichen, daß man zwischen Flügel und Klappe einen gekrümmten Schlitz von düsenartigem Querschnitt anordnet, dessen engerer Ausgang auf der Saugseite liegt. Derartige Spaltflügelklappen haben sowohl im Windkanal als auch in der Praxis (z. B. in Deutschland an den Heinkel-Flugzeugen) gute Erfolge gezeitigt. In Abb. 63 u. 64 sind zwei im Windkanal gewonnene Vergleichsmessungen des Steuermoments normaler und geschlitzter Klappen dargestellt.

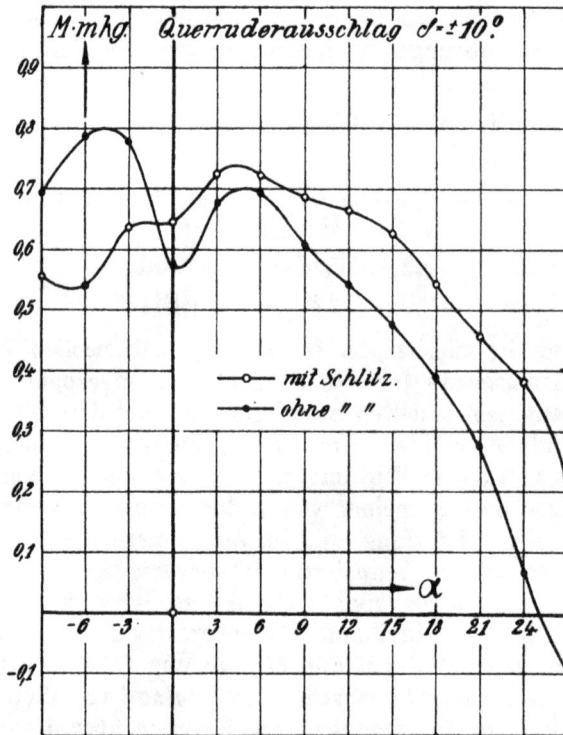

Abb. 63. Vergleichsmessungen normaler und geschlitzter Querruder.

Die Auftriebserhöhung gegenüber dem ungeschlitzten Profil beträgt ungefähr 50 vH bei durchlaufender Klappe, während man erfahrungsgemäß mit ungeschlitzten Klappen nur ungefähr 30 vH erreichen kann. Vergleichsmessungen haben gezeigt, daß die Profilwiderstände bei ungeschlitzten Klappen und größeren Klappenausschlägen erheblich stärker anwachsen als bei Spaltflügelklappen (Abb. 65).

Eine weitere Verbesserung der Quersteuerung wird durch die bereits erwähnten Differentialruder erzielt. Diese Einrichtung verfolgt den Zweck, die auf der Seite der gesenkten Klappe infolge der Vergrößerung des induzierten Widerstandes wirkende Luftkraftkomponente zu vermindern, welche das Flugzeug nach außen zu drehen versucht. Die Wirkung des Seitenruders in der Kurve wird auf diese Weise erheblich unterstützt. Die beschriebene Einrichtung hat sich in der Praxis sehr gut bewährt, und neuerdings sind fast sämtliche Leichtflugzeuge in England mit derartigen Querrudern versehen worden.

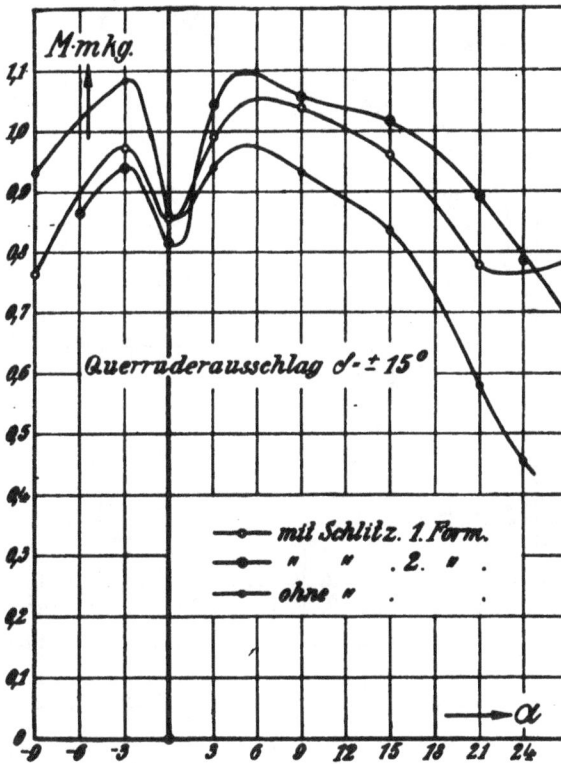

Abb. 64. Vergleichsmessungen normaler und geschlitzter Querruder.

Auf eine die Flügelfestigkeit und -sicherheit streifende Erscheinung aerodynamischer Natur sei an dieser Stelle noch hingewiesen. Es sind in letzter Zeit mehrfach Flügelbrüche an freitragenden Eindeckern in der Luft eingetreten, die auf Flügelschwingungen zurückgeführt werden konnten. Man hat festgestellt, daß es sich hierbei um Schwingungsvorgänge gehandelt hat, die durch Schwingungen der Querruder um ihre Achse infolge toten Ganges bzw. durch Lockerung der Rollenböcke für die Verwindungskabel eingeleitet wurden. Eine Untersuchung dieser bedeutsamen Erscheinung durch die holländische Versuchsanstalt

(Institut voor de Luchtvaart, Amsterdam) zeigte, daß derartige Schwingungserscheinungen durch das Vorhandensein von totem Gang in der Querruderlagerung bei gleichzeitiger Rücklage des Schwerpunktes der

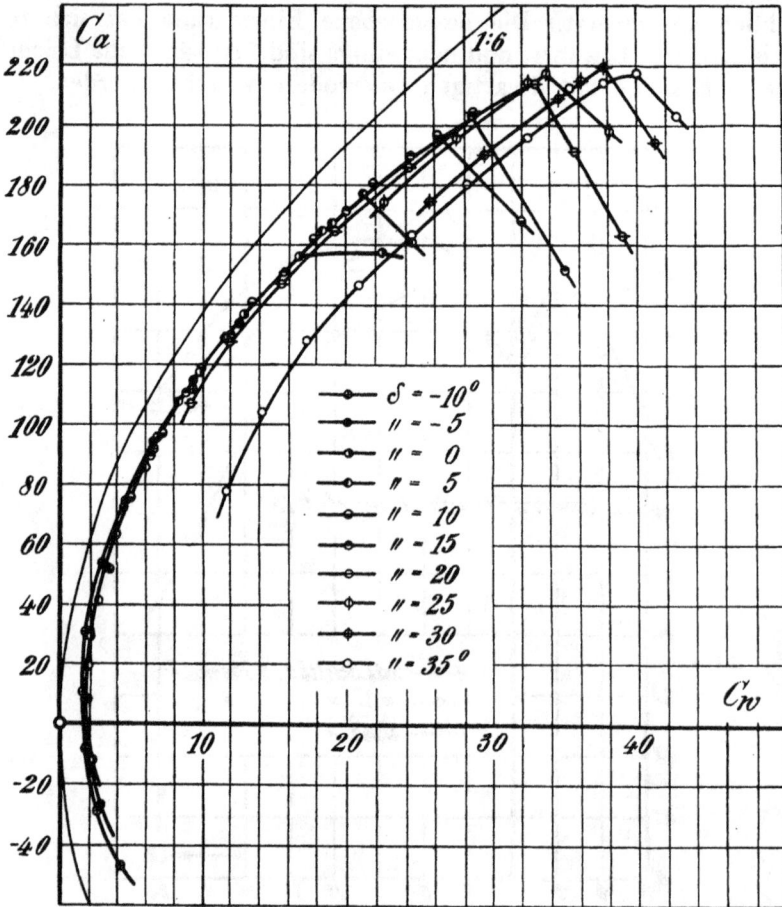

Abb. 65. Polare eines Spaltklappenflügels.

Ruder hinter der Ruderachse begünstigt werden. An einem Versuchsmodell konnte im Windkanal in überzeugender Weise nachgewiesen werden, daß sich beim Zusammentreffen der genannten Vorbedingungen ein stationärer Schwingungszustand auszubilden vermag, der natürlich beim Hinzutreten irgendwelcher Resonanzerscheinungen von verheerenden Folgen begleitet sein kann. Aus dem genannten Grunde ist daher die Einrichtung einer selbsttätigen elastischen Wölbungsveränderung sehr bedenklich, die neurdings von De Havilland in Anwendung gebracht worden ist, und auch an dem Leichtflugzeug »Brownie« der Bristol-werke beim zweiten englischen Wettbewerb verwirklicht war. Bei dem genannten Leichtflugzeug war dieses Verfahren dadurch verwirklicht worden, daß die beiden Verwindungsklappen durch Gummizüge gleichmäßig auf beiden Seiten herabgezogen werden. Bei den Probeflügen haben sich in der Tat an diesem Flugzeug sehr auffällige Schwingungs-erscheinungen gezeigt, die dazu zwangen, das Flugzeug aus dem Wettbewerb zu nehmen.

Analoge Schwingungsvorgänge können im übrigen auch infolge zu geringer Drehfestigkeit der Flügel eingeleitet werden.

b) Ausgleich der Längsmomente und Höhenleitwerk.

α) Überschlagsrechnung.

Die Bemessung und Formgebung des Höhenleitwerkes erfolgt in erster Linie im Hinblick auf den Ausgleich der Längsmomente, der sowohl aus Gründen der statischen und der dynamischen Stabilität des Flug-zeugs gefordert wird.

Die Untersuchung der dynamischen Stabilität auf Grund der Methode der kleinen Schwingungen führt nämlich zu dem Ergebnis, daß dyna-mische Stabilität nur möglich ist, wenn statische Stabilität vorhanden ist. Allerdings ist dies Vorhandensein von statischer Stabilität nicht immer ein gleichzeitiges Kriterium für die dynamische Stabilität, die verschwinden kann, wenn z. B. der Leitwerksabstand vom Schwer-punkt zu gering wird. Im allgemeinen ist bei den heute üblichen Grund-formen und Abmessungen dieser Fall nicht zu befürchten, so daß die rechnerische Untersuchung der dynamischen Stabilität entbehrlich ist.

Die Untersuchung des statischen Momentengleichgewichtes erfolgt am zweckmäßigsten durch das von Hopf entwickelte graphische Ver-fahren. Man trägt in einem Diagramm die beiden Kurven für die Momente des Flügels und des Leitwerkes beim Staudruck 1 über den Anstellwinkeln auf. Beide Kurven können nach der Methode der kleinsten Quadrate durch Gerade angenähert dargestellt werden. Von einem gut ausge-glichenen Flugzeug verlangt man nun, daß das unstabile Moment des Flügels durch das stabile des Leitwerks im Bereich mittlerer Flug-Anstellwinkel (0—3°) ohne Steuerausschlag oder bei losgelassenem Steuer gut ausgeglichen ist. Das Leitwerk soll im Normalfluge oder beim Steigen drucklos sein. Die absolute Größe beider Momente im Bereich normaler Flugzustände soll gering sein, damit die Steuerausschläge bei kleinen Störungen ebenfalls klein sind. Die beiden Kurven müssen sich also zufolge dieser Bedingung auf oder in unmittelbarer Nähe der Abszissenachse im Bereich der für die erwähnten Flugzustände in Frage kommenden Anstellwinkel schneiden. Das Verhältnis der Neigungen beider Momentengeraden bestimmt die Größe der sogenannten statischen Stabilität. Es muß also folgende Bedingung erfüllt sein:

$$\frac{\partial}{\partial a} \frac{M_f}{q} \lessgtr - \frac{\partial}{\partial a} \frac{M_h}{q}$$

M_f bedeutet hierbei das Moment der Flügel und M_h das Moment des Höhenleitwerkes. Man erhält im idealen Fall eine vollkommene Indifferenz des Flugzeuges, wenn man die Gerade der Flügelmomente an der Abszissenachse spiegelt oder umgekehrt. Ein derartiger Momentenausgleich gewährleistet eine große Wendigkeit des Flugzeuges und eine nachdrückliche Wirkung der Steuer. Im allgemeinen ist man daher bestrebt, einen derartigen Momentenausgleich herbeizuführen. Bei Leichtflugzeugen läßt sich dieses Prinzip schwerlich verwirklichen, weil man dadurch auf zu kleine Leitwerk- und Steuerflächen kommt, so daß die Steuerbarkeit bei geringen Geschwindigkeiten infolge der verminderten Staudrücke in Frage gestellt wird. Es ist daher zweckmäßig, sich hinsichtlich der Bemessung der Fläche des Leitwerkes und des Abstandes vom Schwerpunkt auf Erfahrungswerte zu stützen, die erfolgreichen Bauarten von Leichtflugzeugen entnommen werden.

Das Flügelmoment $\frac{M_f}{q}$ beträgt mit Hilfe der dimensionslosen, den Messungsergebnissen der Versuchsanstalten zu entnehmenden Beiwerte c_m ausgedrückt:

$$\frac{M_f}{q} = c_m \cdot F \cdot t$$

Entsprechend ergibt sich für das Leitwerk:

$$\frac{M_h}{q} = c_{n_h^*} \cdot l \cdot f.$$

Hierbei bedeuten:

$c_{n_h^*}$ = die vertikale Luftkraftkomponente auf dem Leitwerk bei Ruderausschlag 0. Der Stern bezeichnet, daß der Abwind der Flügel berücksichtigt ist;

f = Fläche des Leitwerks und l = Abstand der Ruderachse vom Schwerpunkt.

Man hat sich in der Praxis auf diese Definition von l geeinigt, da die Druckmittelpunktswanderung bei symmetrischen Profilen, die heute fast ausschließlich für Leitwerkflächen in Frage kommen, verhältnismäßig gering ist, und die in Wirklichkeit auftretenden Veränderungen von l demnach eine geringe Rolle spielen.

Die Neigung der Flügel-Momenten-Kurve beträgt:

$$57{,}3 \; \frac{\partial}{\partial a} \; \frac{M_f}{q} = -57{,}3 \; \frac{d\,c_m}{d\,a} \; F \cdot t.$$

Der Ausdruck ist bei normalgewölbten Profilen ohne Aufbiegung der Hinterkante stets negativ infolge der instabilen Wanderung des Druckmittelpunktes.

Für das Leitwerk ergibt sich entsprechend der folgende Ausdruck:

$$57{,}3 \; \frac{\partial}{\partial a} \; \frac{M_h}{q} = 57{,}3 \; \frac{\partial\,c_{n_h}}{\partial\,a} \; l \cdot f.$$

Man erkennt hieraus, daß Leitwerkformen von hohem Seitenverhältnis mit entsprechend hohen Werten für $\dfrac{\partial\,c_{n_h}}{\partial\,a}$ günstiger und zweckmäßiger als die teilweise noch gebräuchlichen dreieckigen oder vogelschwanzähnlichen Flächenumrisse sind. Der manchmal vertretene Einwand, daß derartige geformte Flächen einen größeren Bereich von Auftriebsbeiwerten besitzen, innerhalb derer die Strömung nicht abreißt und der Verlauf von $\dfrac{\partial\,c_n}{\partial\,a}$ negativ wird, erscheint nicht besonders stichhaltig, da der aerodynamische Anstellwinkel des Leitwerkes infolge des Einflusses des Abwinds der Flügel praktisch nie den kritischen Anstellwinkel erreicht.

Man erhält nun brauchbare Durchschnittswerte für die Dimensionierung des Leitwerks, indem man den folgenden Quotienten C bildet:

$$\frac{f \cdot l}{F \cdot t} = -\frac{\dfrac{\partial\,c_m}{\partial\,a}}{\dfrac{\partial\,c_n}{\partial\,a}} = -C$$

bzw.
$$f \cdot l = -C \cdot F \cdot t$$

Dieser Wert ist für verschiedene erfolgreiche Leichtflugzeuge ermittelt worden und in der nachstehenden Zahlentafel zusammengestellt:

Bauart	Bezeichnung	Seitenverhältnis b^2/F	$C = -\dfrac{f \cdot l}{F \cdot t}$	Anteil der Höhenruderfläche an der Gesamtleitwerkfläche	Anteil der Leitwerkfläche an der Flügelfläche	Bemerkung
Eindecker	Kolibri	8	0,545	0,31	0,208	Einsitzer
»	Mohamed	10,7	0,30	1,0	0,129	»
»	D. H. 53	7,5	0,51	0,59	0,184	»
»	Wee Bee	7,6	0,32	0,68	0,107	Zweisitzer
»	Widgeon	6,5	0,36	0,40	0,138	»
Doppeldeck.	Hawker	4,75	0,347	0,474	0,115	»
»	Avis	3,5	0,434	0,47	0,127	λ

Die Länge l bestimmt in ausschlaggebender Weise die Größe der Dämpfung bei Schwingungen des Flugzeuges. Mit Rücksicht auf die dynamische Stabilität und auf die Unsicherheit des Abstroms bei zu geringem Abstand des Leitwerks von den Flügeln ist es daher nicht ratsam, die Rumpflänge zu sehr zu verkürzen. Es ist eine in der Praxis bei Seitenverhältnissen bis $\lambda = 6$ gutbewährte Faustregel, beim Entwurf die Rumpflänge dadurch zu bestimmen, daß man die halbe Spannweite in den Zirkel nimmt und die Hinterkante des Leitwerks etwa an die Stelle legt, wo der mit dieser Zirkelöffnung um den Schwerpunkt beschriebene Kreis die Symmetrielinie des Flugzeuges schneidet. Bei größeren Seitenverhältnissen wählt man etwa 0,7—0,6 der halben Spannweite für diesen Abstand.

In die Zahlentafel ist gleichzeitig der Anteil der Höhenruderfläche an der gesamten Höhenleitwerkfläche eingetragen worden, da die Ermittlung der erforderlichen Rudergröße durchaus der praktischen Erfahrung unterworfen ist. Sichere Unterlagen für eine analytische Vorausbestimmung sind nicht gegeben.

Nachdem die Fläche des Leitwerks auf diese Weise ermittelt worden ist, fehlt zur endgültigen konstruktiven Festlegung nur noch die Angabe der Schränkung, d. h. der Differenz zwischen Anstellwinkel des Flügels und geometrischem Winkel der Leitwerkfläche (beide Winkel auf die Längsachse bezogen). Der wirkliche Anblasewinkel des Leitwerks weicht im Normalfluge ziemlich erheblich von seinem geometrischen ab, und zwar wird dieser durch den Abwind der Flügel verkleinert. Genaue Messungen über die Neigung des Abstromes stammen von Munk und Cario (Technische Berichte). Die Neigung des Abstromes auf Grund der Zirkulationstheorie unter Annahme einer elliptischen Auftriebsverteilung und bei Voraussetzung eines relativ großen Abstandes vom Tragflügel läßt sich auch aus folgendem Ausdruck berechnen:

$$a^* = a + \Delta$$

$$\Delta = -\frac{2}{\pi}\, c_a \cdot \frac{F}{b^2}\, 57{,}3 \left[1 + \frac{1}{4}\left(\frac{b}{2\,l}\right)^2 \right]$$

Hierbei bedeuten:

$a =$ Anstellwinkel der Flügel,
$a^* =$ Anblasewinkel des Leitwerkes,
$\Delta =$ Einfluß des Abstroms.

Aus den erwähnten Versuchen von Munk und Cario ließ sich folgende Formel für Mittelwerte ableiten:

$$\Delta = -\frac{1 \cdot 6}{\pi}\, c_a \cdot \frac{F}{b^2}\, 57{,}3$$

Auf Grund dieser Formeln ermittelt man den Wert von a^* für einen Auftriebsbeiwert beim horizontalen Flug oder beim Steigen und stellt alsdann das Leitwerk derart am Rumpf ein, daß sein Auftrieb bei der entsprechenden Neigung der Flugzeugachse gerade verschwindet.

Es ergibt sich dann eine Schränkung der geometrischen Anstellwinkel von Leitwerk und Tragflügel. Diese Schränkung ist jedoch für den Wert des Koeffizienten C ohne Einfluß. Für den ersten Entwurf genügt diese überschlägige Bestimmung des Leitwerks, wenn die Form des Flugzeuges und die Anordnung des Schwerpunkts nicht in auffallender Weise von den normalen Bauarten abweichen.

β) Genaue Bestimmung des Momentenausgleiches.

Moment der Flügel.

Man erhält das Flügelmoment, indem man das durch die aerodynamische Messung des Flügelprofils für die Vorderkante bestimmte Moment auf den Schwerpunkt als Bezugspunkt umrechnet. Hierzu dient die folgende Formel:

$$\frac{M_f}{q} = F \ (t \cdot c_m - x \cdot c_n + y \cdot c_t).$$

In diesem Ausdruck bedeuten:

$t =$ Flächentiefe,

$x =$ Abstand des Schwerpunktes in horizontaler Richtung von der Vorderkante des Flügels,

$y =$ Abstand des Schwerpunktes in vertikaler Richtung von der Profilsehne.

Die Werte für y werden vom Schwerpunkt aus nach oben positiv gerechnet, die Werte für x vom Schwerpunkt aus nach hinten. x wird in den praktisch vorkommenden Fällen meist positiv, y wird bei Hochdeckern negativ, bei Tiefdeckern positiv.

Kopflastige Momente werden positiv, schwanzlastige negativ gerechnet.

Der Schwerpunkt des Flugzeugs ist möglichst so zu legen, daß die Momentenkurve die Abszissenachse in der Gegend von $0 \div 3^0$ schneidet, vorausgesetzt daß ein dickes Flügelprofil verwandt worden ist. Das Flügelmoment ist sehr empfindlich gegen Vor- und Zurücklegung des Schwerpunkts, dagegen spielt die Tieflage eine verhältnismäßig geringe Rolle. Angenähert gilt etwa die folgende Beziehung:

$$\frac{d\,c_t}{d\,x} : \frac{d\,c_m}{d\,x} = 1 : 7.$$

Die meistens für ein Seitenverhältnis $\lambda = 5$ ermittelten dimensionslosen Luftkraftbeiwerte der Normal- und der Tangentialkraft müssen natürlich auf das entsprechende Seitenverhältnis umgerechnet werden.

Hierzu dienen die folgenden Ausdrücke:

$$a_2 = a_1 + \frac{1}{\pi} \cdot c_a \left(\frac{F_2}{b_2{}^2} - \frac{F_1}{b_1{}^2} \right)$$

$$c_{n2} = c_{n1} + c_{a1} \frac{57,3}{\pi} \cdot \frac{d\,c_{n1}}{d\,x} \left(\frac{F_1}{b_1{}^2} - \frac{F_2}{b_2{}^2} \right)$$

$$c_{t2} = c_{t1} + c_{a1} \frac{57,3}{\pi} \cdot \frac{d\,c_{t1}}{d\,x} \left(\frac{F_1}{b_1{}^2} - \frac{F_2}{b_2{}^2} \right)$$

Der Momentenbeiwert braucht nicht umgerechnet zu werden, da die Druckmittelpunktswanderung vom Seitenverhältnis unabhängig ist.

Bei Doppeldeckern ist noch die Berücksichtigung der gegenseitigen Beeinflussung beider Flächen notwendig. Zu dieser Reduktion dienen die nachstehenden, von Betz aufgestellten Umrechnungsformeln:

$$\Delta M_0 = \frac{t_u}{b_0} \cdot \frac{c_{au}}{4\,\pi} \left(2\,m\,M_0 + 57,3\,n\,\frac{d\,M_o}{d\,a} \right)$$

$$\Delta M_u = - \frac{t_0}{b_n} \cdot \frac{c_{ao}}{4\,\pi} \left(2\,m\,M_u + 57,3\,[\,n + l_n\,(1+\lambda)^2\,] \frac{d\,M_u}{d\,a} \right)$$

Zur Ermittlung der Differentialquotienten $\dfrac{d}{d\,a}\,\dfrac{M}{q}$ gleicht man die c_m-Kurve am besten nach der Methode der kleinsten Quadrate durch Parabeln aus.

Die Hilfsgrößen m, n und λ haben folgende Bedeutung

$$m = \left[\sqrt{1 + (\lambda \cos \beta)^2} - 1 \right] \cos \beta$$

$$n = \left[\sqrt{1 + (\lambda \cos \beta)^2} - 1 \right] \sin \beta - l_n \frac{\sqrt{1 + (\lambda \cos \beta)^2} + \sin \beta}{1 + \sin \beta}$$

$$\lambda = \frac{b_0 + b_u}{2\,h} {}^{1)}$$

β bezeichnet den Staffelungswinkel. Bei der zumeist üblichen Voranstaffelung des oberen Tragdecks ist β für die obere Tragfläche positiv und für die untere negativ.

Das resultierende Moment für die gesamte Zelle beträgt nunmehr

$$M_f = M_o + \Delta M_o + M_u + \Delta M_u.$$

Moment des Leitwerks.

Das Leitwerkmoment ist, wie bereits erwähnt, durch folgenden Ausdruck bestimmt:

$$\frac{M_h}{q} = c_{nh}{}^* \cdot f \cdot l.$$

Für den Staudruck führt man meistens den Wert q ein, obwohl die Schraube im Motorflug den am Leitwerk wirkenden Staudruck verstärkt und ihn im Gleitflug durch Abschirmung schwächt. Die ermittelte

---

[1]) $h =$ Abstand der beiden Tragflügel.

Momentenkurve gibt also einen Mittelwert an, der zwischen den beim Motor- und Gleitflug auftretenden Werten liegt.

Die Kurve für die Leitwerkmomente kann mit guter Annäherung durch eine Gerade von der Neigung $\dfrac{d\,c_{n\hbar}}{d\,a_{\hbar}}$ ersetzt werden. Für die zweckmäßigerweise zugrunde zu legenden rechteckigen Leitwerkformen kann man bei verschiedenen Seitenverhältnissen folgende Werte von $\dfrac{d\,c_{n\hbar}}{d\,a_{\hbar}}$ zur Bestimmung der Neigung der Leitwerkgeraden benutzen.

Zahlentafel.

Seitenverhältnis	1	2	3	4	6	8
$\dfrac{d\,c_{n\hbar}}{d\,a_{\hbar}}$	0,0314	0,0437	0,0576	0,0698	0,0803	0,0925

Dadurch ist die Lage der Leitwerksgeraden ohne Berücksichtigung der Schränkung und des Abstroms im Momentendiagramm (Abb. 66) bestimmt (Gerade a).

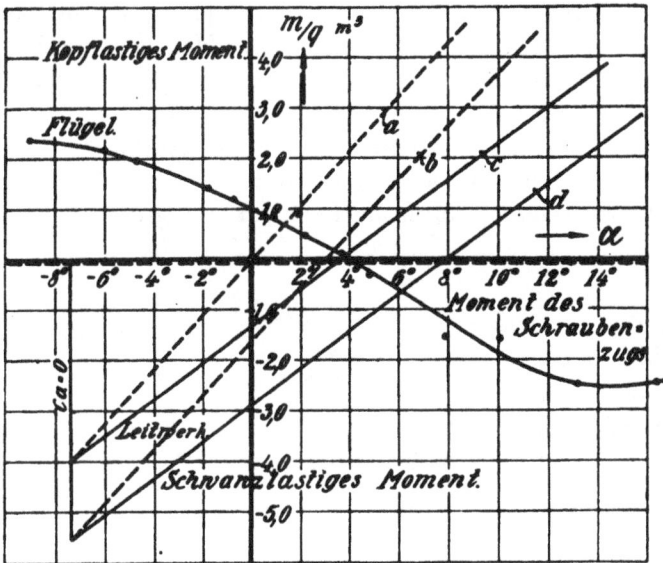

Abb. 66. Momentdiagramm nach Hopf.[1]

Die Schränkung bewirkt lediglich eine parallele Verschiebung dieser Kurve um den Betrag des Schränkungswinkels (Gerade b). Bei positiver Schränkung ($a_{\hbar} < a$) erfolgt die Verschiebung nach rechts, bei negativer Schränkung entsprechend umgekehrt. Dies ist aus fol-

---

[1] Bemerkenswert ist der geringe Einfluß des Schraubenzugs. (Gestrichelte Gerade.)

Lachmann, Leichtflugzeugbau.   7

gendem Grunde leicht einzusehen. Beträgt beispielsweise die Schränkung 3⁰, so bedeutet das für das Leitwerk, daß bei einem Anstellwinkel der Flügel von 3⁰ der Auftrieb auf dem Leitwerk verschwinden muß, wenn man hierbei von dem Einfluß des Abstroms absieht, d. h. also die Leitwerkgerade muß die Abszissenachse im Punkte $a = 3^0$ schneiden.

Der Abwind der Flügel verringert den Anstieg des Leitwerkmomentes. Die Korrektur erfolgt nach folgendem Ausdruck:

$$\frac{d\,c_{nh}{}^*}{d\,a_h} = (1 - \varDelta)\,\frac{d\,c_{nh}}{d\,a_h}$$

Hierdurch wird die Gerade c erhalten. a und c müssen sich bei dem Anstellwinkel schneiden, für den der Auftrieb des Flügels verschwindet, da dann auch der dem Auftrieb verhältige Einfluß des Abstroms verschwindet. Dadurch ist die Lage der Geraden c endgültig bestimmt.

Die Gerade d, die den Einfluß der Schränkung und des Abwindes vereinigt, ergibt sich schließlich, indem man die Gerade c parallel zu sich selbst bis zum Schnittpunkte mit b verschiebt.

In der Praxis läuft diese Konstruktion häufig darauf hinaus, das richtige Maß der Schränkung zu ermitteln. Man geht hierbei von den Geraden a, c und d aus und ermittelt d und damit die Schränkung durch sinngemäße Umkehrung der Konstruktion.

Das in Abb. 66 dargestellte Momentendiagramm wurde für ein Sportflugzeug (Eindecker) ausgeführt, das sehr gute Flugeigenschaften zeigte. Der Berechnung lagen folgende Daten zugrunde:

$t = 1,5$ m,
$x = 0,542$ m,
$y = + 0,520$ m,
$l = 3,56$,
$F = 14$ m²,
$b = 9,66$ (Spannweite)
$f_h = 2,18$ m (Fläche des Höhenleitwerks),
$\frac{b^2}{f_h} = 3,86$ (Seitenverhältnis des Höhenleitwerks).

Als Flügelschnitt diente das Göttinger Normalprofil Nr. 387. Auf Grund des Momentendiagramms ergab sich, daß das Leitwerk bei einer Schränkung $\varepsilon = 0^0$ für einen Anstellwinkel der Flügel $a = 4^0$ drucklos wird. Die Längsmomente sind in diesem Falle stabil ausgeglichen. In Wirklichkeit besaß das Flugzeug zunächst eine positive Schränkung von 3⁰, wobei das Flugzeug auf Grund des Diagramms beim Ruderausschlag 0 stark schwanzlastig sein mußte. Diese Eigenschaft wurde in der Tat bei den Probeflügen festgestellt, und die Schränkung darauf auf 0⁰ reduziert.

c) Seitenleitwerk.

Die Bemessung des Seitenleitwerks kann schwerlich auf Grund irgendwelcher analytischer Überlegungen sondern nur empirisch oder durch den Vergleich der Abmessungen bewährter Leichtflugzeuge erfolgen. In der nachstehenden Zahlentafel sind analog den für Höhenleitwerke gemachten Angaben einige Erfahrungswerte über die Größe des Produktes $f_s \cdot l'$[1]) und über den prozentualen Anteil der Ruderfläche am gesamten Leitwerk enthalten.

Bauart	Be-zeichnung	$f_s \cdot l'$ m²	Anteil der Seitenruder-fläche an der Gesamtleit-werkfläche	Spann-weite m	Flug-gewicht kg	Bemerkung
Eindecker	Kolibri	1,98	0,545	10,0	250	Einsitzer
»	Mohamed	2,20	0,74	10,74		»
»	D. H. 53	2,75	0,81	9,15	222	»
»	Wee Bee	4,54	0,62	11,5	380	Zweisitzer
»	Widgeon	3,10	0,75	9,35	406	»
Doppeldeck.	Hawker	2,50	1,0	8,50	340	»
»	Avis	3,86	1,0	9,13	416	»

Für die Wirksamkeit des Seitenleitwerks gilt wie beim Höhenleitwerk die Forderung eines möglichst großen Wertes des Differentialquotienten $\frac{d c_{ns}}{d \delta}$. Diesem Umstand ist durch die Wahl des Leitwerkprofils und durch Zugrundelegung eines guten Seitenverhältnisses, soweit es die konstruktiven Bedingungen zulassen, Sorge zu tragen.

Einen wichtigen Einfluß auf die Wirksamkeit des Seitenruder spielt ferner seine Anordnung relativ zum Rumpf und die Rumpfform selbst (Abb. 67). Breite Rümpfe, die sich beispielsweise durch die nebeneinanderliegende Anordnung der Sitze ergeben (z. B. bei verschiedenen englischen Doppeldeckern) beeinträchtigen die Wirkung der in der Verlängerung des Rumpfes liegenden Seitenruderflächen sehr stark, da das

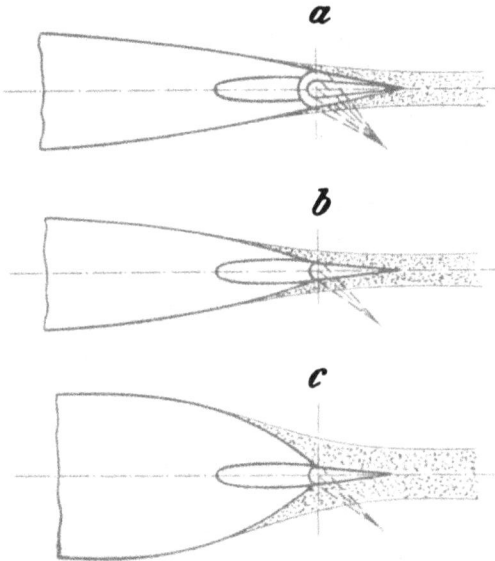

Abb. 67. Einfluß der Rumpfform auf Grenzschicht-ablösung und Ruderwirkung.

---

[1]) $l' =$ Abstand der Ruderachse vom Schwerpunkt.

7*

Ruder in einer verhältnismäßig breiten Zone der sich vom Rumpfende ablösenden Grenzschicht steht. Bei derartigen Rumpfformen ist es erforderlich, das Seitenruder oberhalb der Rumpfoberkante anzuordnen. Ruder, die ausschließlich hinter der Rumpfschneide gelagert sind, werden erfahrungsgemäß fast wirkungslos. Diese Erscheinung wurde in der Praxis sehr häufig bei Verkehrsflugzeugen mit sehr großen, geräumigen Rümpfen beobachtet. In Amerika hat man dieses Problem zum Gegenstand von Windkanalversuchen gemacht, wobei sich deutlich die Überlegenheit der schlankauslaufenden Rümpfe nach Form *b* (Abb. 67) gezeigt hat. Form *a* veranschaulicht die am Udet »Kolibri« verwirklichte Ausführung, wobei die ganze hintere Rumpfspitze zugleich mit dem eigentlichen Ruder verstellt wird. Diese Ausführung wurde zwar mehr aus konstruktiven Gesichtspunkten heraus gewählt, sie ist aber auch vom aerodynamischen Standpunkt aus als zweckmäßig zu bezeichnen.

d) Allgemeine Bemerkungen und Vorschläge für die Ausbildung der Ruder.

Man unterscheidet heute zwei grundsätzliche Arten der Ruderanordnung:

a) Ruder mit Flosse,
b) Ruder ohne Flosse.

Bei der Ausführung nach *b* sind die Ruder regelmäßig entlastet, indem die Drehachse in die Nähe des Druckmittelpunktes verlegt wird. der bei symmetrischen Profilen nur in geringem Maße wandert. Bei der Ausführung *a* verzichtet man bei Leichtflugzeugen im allgemeinen auf einen Ausgleich der Ruder.

Ruder nach Ausführung b) sind erfahrungsgemäß sehr empfindlich, ihre Wirkung ist jedoch begrenzt, da sowohl der als Kriterium für die Ruderwirkung maßgebende Differentialquotient $\frac{d c_n}{d \delta}$ als auch sein positiver Bereich bei symmetrischen Profilen geringer ist als bei gewölbten Profilen. Die Ruderausführung a) ist daher insofern wirksamer, da sie nicht nur durch Anstellwinkel — sondern gleichzeitig durch Wölbungsvergrößerung wirkt.

Auf Grund praktischer Erfahrung sind stark ausgeglichene Ruder für Leichtflugzeuge auch deshalb nicht empfehlenswert, da der Führer zu sehr das Gefühl für die Steuerwirkung verliert. Es ist in letzter Zeit ein Fall vorgekommen, wo ein sehr bekannter Segel- und Leichtflugzeugpilot, der sich auf ein Leichtflugzeug mit stark ausgeglichenen Rudern eingeflogen hatte, bei gelegentlichem Fliegen auf einem größeren Flugzeug mit unausgeglichenen Rudern zum Absturz kam, weil er das Gefühl für Steuerdrücke vollkommen verloren hatte.

Der Wirksamkeit der Ausführung b) sind insofern noch Grenzen gezogen, als die Flosse durchweg starr mit dem Rumpf verbunden ist. Um größere Anblasewinkel zu erreichen, ist man daher gezwungen, die Ruder kräftig auszuschlagen. Dadurch entsteht ein Knick im Profil des Leitwerks, der die Strömung zum Abreißen bringt und die Auftriebs-

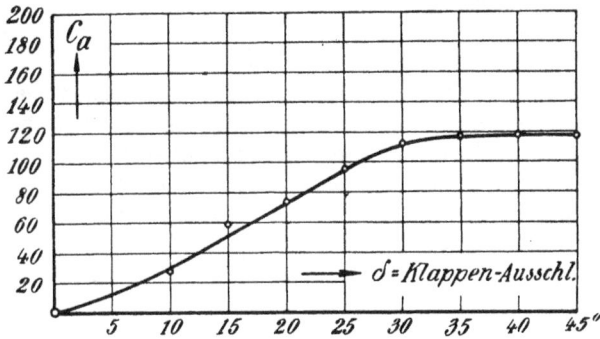

Abb. 68. Diagramm a) Ruder mit starrer Flosse.

erhöhung beschränkt. Eine Verbesserung der Ruderwirkung wäre also demnach zu erzielen, wenn man von dem allgemein gebräuchlichen System der feststehenden Flosse abginge und ihr eine gewisse, mit den Ruderausschlägen korrespondierende Beweglichkeit erlaubte. Dieser Vorschlag soll durch die in Abb. 68 u. 69 dargestellten Versuchsergebnisse

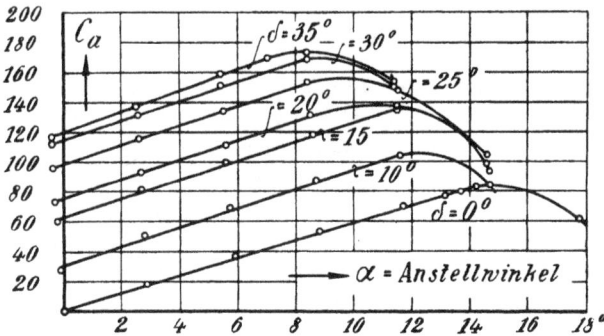

Abb. 69. Diagramm b) Ruder mit beweglicher Flosse.

näher erläutert werden. Im Diagramm a sind die Auftriebsbeiwerte für ein symmetrisches Profil (Göttingen Nr. 409) aufgetragen worden, das eine über die ganze Spannweite hin verlaufende Spaltflügelklappe besaß. (Das Vorhandensein des Spaltes ist prinzipiell unwichtig!) Bei der ersten Versuchsreihe war das Modell derart im Kanal aufgehängt, daß die Neigung der Symmetrielinie des Profils dauernd Null blieb, und nur der

Klappenausschlag δ verändert wurde. Diese Anordnung entspricht dem Ruder mit feststehender Flosse. Bei der Anordnung b) wurde nicht nur der Klappenausschlag, sondern gleichzeitig die Neigung der Symmetrielinie a verändert. Man ersieht aus dem Vergleich beider Diagramme, daß im zweiten Falle wesentlich größere Steuerdrücke bei verhältnismäßig geringen Ausschlägen erreicht werden können. Es erübrigt sich, darauf hinzuweisen, daß auch die Widerstände im Falle b erheblich geringer waren.

Der maximale Auftriebsbeiwert beträgt z. B. im Falle a 1,18 bei einem Klappenausschlag von $\delta = 40^0$. Mit der Anordnung b läßt sich der entsprechende Auftrieb mit einem Klappenausschlag $\delta = 15^0$ und einer Neigung der Symmetrielinie von $a = 8,8^0$ erzielen. Man erkennt hieraus, daß in dieser Richtung noch mancherlei Möglichkeiten zur Verbesserung der Ruderwirkung bestehen.

IV. Konstruktive Richtlinien.

A. Allgemeine Gesichtspunkte.

Wir greifen zurück auf die Definition, die wir in der Einleitung für die technischen Aufgaben des Leichtflugzeuges gegeben haben: Zweck des Leichtflugzeuges ist sicheres und billiges Fliegen bei geringstem Aufwand an Baugewicht.

Zuverlässigkeit des Motors.

Die Sicherheit des Fluges hängt in ausschlaggebender Weise von der Zuverlässigkeit des Motors ab. Diese ist ihrerseits unmittelbar durch die konstruktive Durchbildung, ferner durch die verwendeten Baustoffe und die Sorgfalt der Ausführung bedingt. Bisher hat man Motore verwendet, die ein sehr hohes Verdichtungsverhältnis und eine relativ hohe Betriebsdrehzahl besaßen. Es stellt sich mehr und mehr heraus, insbesondere auf Grund der letzten englischen Erfahrungen, daß dieser Grundsatz nicht richtig war. Zweifellos ist der Bristol »Cherub« ein auf Grund zahlreicher Erfahrungen vozüglich durchgebildeter Leichtmotor. Wenn er auch in dem englischen Wettbewerb bei verschiedenen Flugzeugen noch zu Störungen Anlaß gab, so mag das wohl weniger am Motor selbst als an einem etwas überhasteten Einbau und dem Mangel an Betriebserfahrung gelegen haben. Sicherlich ist er einer der hochgezüchtetesten Vertreter seines Typs, und seine Betriebssicherheit wird sich wahrscheinlich noch im Laufe der Zeit steigern lassen. Es fragt sich aber grundsätzlich, ob das Prinzip der hohen Verdichtung und der hohen Drehzahlen überhaupt richtig und zweckentsprechend für die Verwendung

im Leichtflugzeug ist. Man ist dazu gelangt, ausschließlich den hochverdichteten und hochtourigen Motor zu verwenden, weil man ursprünglich
Motorradmoroten mangels eines eigentlichen Leichtflugmotors einbaute.
Nach verhältnismäßig günstigen Erfahrungen im Anfang behielt man
diese Motorradmotoren bei und entwickelte sie weiter, indem man im
wesentlichen nur das Hubvolumen etwas vergrößerte. Für Leichtflugzeuge, die man nur wenig und gelegentlich gebraucht, sind derartige
Leichtmotoren des heutigen Typs nicht ungeeignet. Die Erfahrungen,
die man im Automobilbau mit sehr hochtourigen und hochverdichteten Motoren hinsichtlich der Lebensdauer und der Empfindlichkeit
gemacht hat, lassen es jedoch wünschenswert erscheinen, daß ein spezifischer Leichtmotor mit größerem Hubvolumen (1500—2000 cm³) und
geringerer Betriebsdrehzahl (1800—2400) herangebildet wird und auf
den Markt kommt. Ausschlaggebend ist es also nicht, daß die Spitzen-
Leistung an sich noch über die heutigen Werte gesteigert wird, obwohl
eine geringe Erhöhung der effektiven Leistung auf 40 bis 45 PS wünschenswert erschiene. Es kommt mehr darauf an, daß ein Typ geschaffen
wird, der ohne wesentliche Gewichtssteigerung eine größere Zuverlässigkeit und Unempfindlichkeit im Betriebe aufweist, der eine längere
Lebensdauer besitzt und nur selten überholt zu werden braucht. Der
Grundsatz der Begrenzung des Hubvolumens hat dazu geführt, einen
Renntyp, ein hochwertiges »Vollblut« heranzuzüchten, während gerade,
um im Bilde zu bleiben, das »Halbblut« noch fehlt.

Im Vorstehenden ist allgemein vom Leichtmotorenbau gesprochen
worden, obwohl man eigentlich immer hinzufügen müßte »englischer«
oder »französischer« Leichtmotorenbau, denn von einem eigentlichen
deutschen Leichtmotorenbau kann außer einigen Ansätzen noch keine
Rede sein. In England scheint man auf Grund der Erfahrungen von
Lympne in den maßgebenden technischen Kreisen eingesehen zu haben,
daß die Beschränkung des Hubvolumens bei den Ausschreibungen des
zweiten Wettbewerbs ein verfehltes Prinzip war, welches die Entwicklung
des Leichtmotorenbaues in eine falsche Richtung gedrängt hat. Die
Lehre, die sich hieraus ergibt, liegt auf der Hand. Alle Bemühungen
der deutschen Flugzeugkonstrukteure, die ein betriebs-
sicheres und billiges Leichtflugzeug für den allgemeinen
Gebrauch schaffen wollen, haben nur dann Aussichten
auf Erfolg, wenn die Motorenindustrie die Anforderungen des Leichtflugzeuges richtig erkennt und in entschiedener Weise fördert.

Dieses Buch ist vom Standpunkt des Flugzeugbauers aus geschrieben;
es hieße daher den Rahmen überschreiten, wenn man an dieser Stelle
mehr als Anregungen und eine Problemstellung für den Motorkonstruk-
teur geben wollte. Es kommt darauf an, festzulegen, welche Anforderungen an den Motor gestellt werden und wie sich die bisher verwandten

Typen bewährt haben. Wie der Motorenkonstrukteur im einzelnen diesen Forderungen der Praxis nachkommt, ob er beispielsweise zwei oder mehr Zylinder anwendet, das Zweitaktverfahren einführt usw., ist seine Sache.

Abb. 70. Belastungsprobe einer Flügelrippe (*A* Fall, 5fache Last).

Abb. 71. Belastungsprobe einer Flügelrippe (*B* Fall, 3,5fache Last).
Die Versuche wurden im E. Heinkel-Flugzeugwerk, Warnemünde, ausgeführt.

Diese Betrachtungen beziehen sich alle unmittelbar auf die konstruktive Durchbildung des Motors selbst. Daneben hängt die Zuverlässigkeit des Antriebs mittelbar in entscheidendem Maße von dem Grade der Inanspruchnahme des Motors im Normalfluge ab. Man kann von keiner Maschine eine vollkommene Zuverlässigkeit und Betriebssicherheit verlangen, die dauernd bis zur Nähe ihrer Spitzenleistung beansprucht wird. Es ist erstaunlich, daß man beim Leichtflugzeug bzw. beim Leichtmotor ein anderes Verhalten erwartet, denn die meisten der bisher konstruierten Leichtflugzeuge verstoßen durchweg gegen den Grundsatz des Sparfluges mit erheblichem Leistungsüberschuß, der sich bei den großen Verkehrsflugzeugen so außerordentlich bewährt hat. Man muß dabei einräumen, daß die geringe Entwicklung des Leichtmotorenbaues daran schuld ist. Diese zwang bisher die Konstrukteure stets mehr oder weniger zu Kompromissen. Wir sehen heute im Leichtflugzeugbau häufig den Grundsatz verwirklicht: Man baut ein möglichst leichtes und

Abb. 72. Belastungsprobe einer Flügelrippe (C Fall, 2 fache Last).

aerodynamisch hochwertiges Flugzeug und setzt einen möglichst leichten und schwachen Motor hinein. Richtiger wäre es jedoch, ein Flugzeug so zu bauen, daß es beispielsweise im normalen Wagrechtflug 15 PS braucht, und einen Motor hineinzusetzen, der als Spitzenleistung 35—40 PS entwickelt.

Statische Bausicherheit.

Eine genügende Sicherheit des statischen Aufbaues ist eine selbstverständliche Forderung für das Flugzeug selbst. Es würde zu weit führen, an dieser Stelle die verhältnismäßig einfachen Regeln und Verfahren für die rechnerische Ermittlung der Beanspruchungen in den verschiedenen Baugliedern anzuführen, da sie für das Leichtflugzeug nicht besonders charakteristisch sind, sondern allgemein für den gesamten Flugzeugbau gelten. Von speziellerem Interesse ist dagegen die Frage, welche Sicherheitsfaktoren in die Berechnung einzuführen sind. Man hat bekanntlich zwischen dem Begriff der Sicherheit und dem sogenannten Lastvielfachen zu unterscheiden. Unter Sicherheit verstand man bisher das Verhältnis Bruchlast/Lastvielfachen. Im Kriege wurden eine Reihe von Vorschriften über die Größe der für die Berechnung der einzelnen Bauglieder zugrunde zu legenden Lastvielfachen ausgearbeitet, die mangels anderer Vorschriften auch heute noch im allgemeinen die Grundlagen für die statische Berechnung bilden. Die nachstehende Zahlentafel ist den Bau- und Liefervorschriften, wie sie im Kriege für Flugzeuge bis 1200 kg Leergewicht bestanden, entnommen.

Belastungsfall	A-Fall Abfangen	B-Fall Gleitflug	C-Fall Sturzflug	D-Fall Rückenflug
Vorgeschriebenes Lastvielfaches	5,0	3,5	2,0	3,0

Die in dieser Zahlentafel enthaltenen Lastvielfachen werden in Deutschland fast allgemein bei kleineren Sportflugzeugen berücksichtigt und eignen sich recht gut dazu, bei der statischen Berechnung der Leicht-

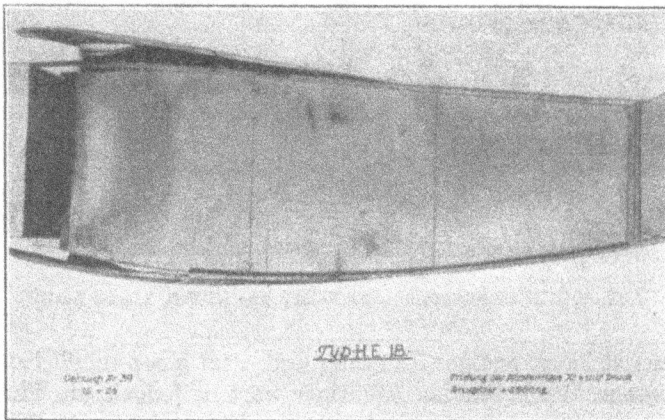

Abb. 73. Prüfung einer Kastenrippe auf Druck.

flugzeuge eingeführt zu werden. Es besteht jedenfalls keine Veranlassung, diese Lastvielfachen zu unterschreiten. Es wäre im Gegenteil anzuraten, beispielsweise im A-Fall mit höheren Lastvielfachen zu arbeiten, wenn das Flugzeug besonders auch zu Kunstflügen benutzt werden soll[1]). Man hat für solche Leichtflugzeuge in England teilweise

---

[1]) Das relativ geringe Trägheitsmoment des Flugzeuges im Verein mit den wirksamen Rudern erhöht die Gefahr des zu plötzlichen Abfangens aus steilem Gleitflug bzw. Sturzflug. Hierbei können wesentlich höhere Zentrifugalbeschleunigungen auftreten als man an trägeren Flugzeugen bisher gemessen hat.

relativ hohe Lastvielfache zugrunde gelegt, z. B. besitzen die Holme des D H 53 eine 4—5fache Sicherheit gegen Bruch im *A*-Fall, bei einer max. Druckspannung des Holzes von 390 kg/cm². Das Lastvielfache beträgt daher ungefähr 12—15. Die oben angeführten verhältnismäßig niedrigen Lastvielfachen werden um so mehr ihrem Zweck genügen, wenn der Angriffspunkt der Luftkräfte für die verschiedenen Fluglagen möglichst sorgfältig, am besten auf Grund einer Modellmessung des Flügels, bestimmt wird. Es ist jedenfalls nicht empfehlenswert, die alten Durchschnittswerte für Lage und Richtung der Luftkräfte in die Rechnung einzuführen, wie sie in den B L V enthalten sind. Die dort niedergelegten Vorschriften haben Versuchsergebnisse an dünnen Profilen zur Grundlage, die nicht mehr für die heute üblichen dicken Profile zutreffen. Es

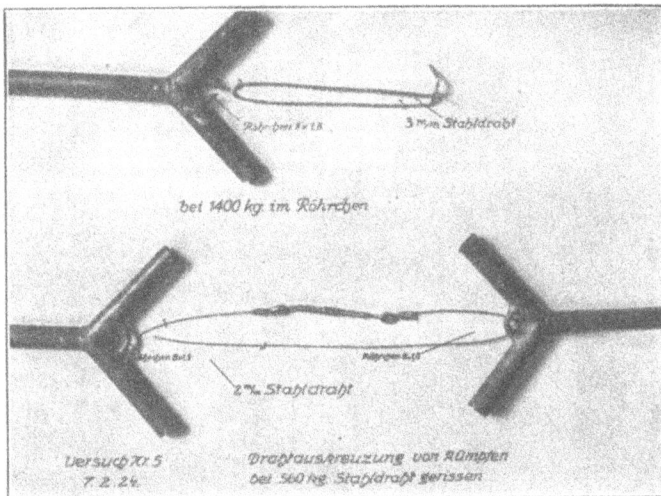

Abb. 74. Prüfung der Drahtauskreuzung von Stahlrohrrümpfen.

ist z. B. nach den Bau- und Liefervorschriften für die Lage des Druckmittelpunktes im Rücken- und Sturzflug eine Entfernung von 1,75 *t* von der Sehne vorgeschrieben. Rechnet man moderne dicke Profile nach Art der auf Seite 53—55 beschriebenen auf die Lage des Druckmittelpunktes genau nach, so kommt man auf wesentlich größere Abstände (2—2,5 *t*).

In England müssen alle Leichtflugzeuge auf Grund der bekannten englischen Bauvorschriften konstruiert sein, die zur Erlangung des »air worthiness certificate« erforderlich sind. Neuerdings ist man in Deutschland bestrebt, den Begriff der Sicherheit etwas anders abzugrenzen. Es ist vorgeschlagen worden, an Stelle der Bruchlast die Streckgrenze einzuführen, soweit man bei den verschiedenen Materialien von einer solchen reden kann. Während also nach der bisherigen Vorschrift

jeder Teil so bemessen werden soll, daß bei keiner der möglichen Bela-
stungen ein Bruch erfolgt, soll nach der neuen Auffassung dafür Sorge
getragen werden, daß bei keiner möglichen Belastung die Proportionali-
tätsgrenze überschritten wird und eine bleibende Formänderung ein-
tritt.

Der beim Leichtflugzeug auf die Spitze getriebene Leichtbau führt
häufig auf Bauformen, die erheblich aus dem Rahmen des bisher Üblichen
und Gebräuchlichen herausfallen, so daß es unerläßlich erscheint, während
des Baues Belastungsproben an derartigen Teilen zu machen, um die
Sicherheit empirisch nachzuprüfen. Hierher gehören also Untersuchungen
über die Bruchfestigkeit von Rippen und Holmen, über die Zerreiß-
festigkeit von Beschlägen und Schweißstellen, über die Knickfestigkeit

Abb. 75. Dynamische Flügelprüfung. (Die Riemenscheibe des Elektro-
motors ist exzentrisch ausgebildet.)

dünner Metallprofile (siehe Abb. 70—74). Ratsam ist, es nicht nur bei
einer statischen Belastungsprobe bewenden zu lassen, sondern die Teile,
die im Betrieb besonderen Erschütterungen und Erzitterungen ausgesetzt
sind, durch entsprechend nachgeahmte dynamische Belastungsproben
zu untersuchen. Abb. 75 zeigt ein Beispiel einer derartigen dynamischen
Untersuchung. Es handelt sich um die Prüfung eines Sperrholzflügels des
Leichtflugzeugs C. L. 17 bei den Caspar-Werken.

Sicherung des Fliegens.

Zu der Sicherung im Fluge gehören auch alle Maßnahmen zur Ver-
hütung von Vergaserbränden. Dies ist eine Zeitlang in Deutschland beim
Bau von Sportflugzeugen stark vernachlässigt worden, bis ein sehr be-

dauerlicher Unglücksfall die Notwendigkeit einer guten Brandsicherung als unabweisbare konstruktive Forderung vor Augen gestellt hat. Die Brandsicherung verlangt in erster Linie die Anordnung eines beispielsweise aus Leichtmetall mit Asbestzwischenlage hergestellten Brandspants, der zwischen Vergaser und Benzintank angebracht wird. Die Ansaugstutzen des Vergasers müssen aus dem Rumpf herausführen. Der Benzinhahn muß vom Führersitz aus sicher gehandhabt werden können. Vor allem ist dafür Sorge zu tragen, daß sich in der Motorverkleidung kein ausgelaufener Betriebsstoff ansammeln kann.

Die Sicherheit von Start und Landung hängt von der konstruktiven Durchbildung des Fahrgestells und der Größe der Minimalgeschwindigkeit ab. Es ist durchaus verkehrt, bei der Fahrgestellbauart die Widerstands- und Gewichtsverminderung ausschließlich in den Vordergrund zu rücken, wenn dadurch die Betriebssicherheit gefährdet wird. Aus diesem Grunde ist es auch fraglich, ob sich einziehbare Fahrgestelle, abgesehen von der konstruktiven Komplikation und der verhältnismäßig geringen Widerstandsverminderung, bei Leichtflugzeugen einbürgern werden.

Die Landegeschwindigkeit ist von der Flächenbelastung und dem Höchstauftrieb des Flügels abhängig. Wir haben im aerodynamischen Teil gesehen, daß auch bei der hohen »wirtschaftlichen« Leistungsflächenbelastung die Landegeschwindigkeit bei Leichtflugzeugen keine übermäßig hohen Werte erreicht. Im allgemeinen ist bei Leichtflugzeugen weniger die Größe der Landegeschwindigkeit als das durch den hochwertigen aerodynamischen Wirkungsgrad der Bauart bedingte lange Ausschweben über dem Boden bezw. das »Segelvermögen« bei starker Turbulenz der Atmosphäre unangenehm. Diese Eigenschaft ist besonders bei Notlandungen oder auf kleinen, von Bäumen und Häusern eingefaßten Flugplätzen außerordentlich hinderlich. Eine einfache Abhilfe gewähren Einrichtungen (Brems- oder Flügelklappen), die die Gleitzahl des Flugzeuges künstlich verschlechtern. Dabei verdienen diejenigen Einrichtungen den Vorzug, die nicht nur den Widerstand, sondern gleichzeitig den Auftrieb vergrößern und damit also auch nicht nur die Flugneigung, sondern auch die Fluggeschwindigkeit vermindern. Es ist mit Sicherheit anzunehmen, daß es auf diese Weise gelingen wird, das Landen von Leichtflugzeugen auch auf ganz kleinen Plätzen zu einer überaus einfachen und sicheren Sache zu machen.

Die Sicherheit des Abfluges erfordert neben einem kurzen Anlauf ein gutes Steigvermögen des Flugzeuges am Boden, so daß es nach dem Abflug rasch an Höhe gewinnen und Hindernisse an den Grenzen des Platzes schnell zu übersteigen vermag. Diese Eigenschaft wird in entscheidender Weise durch einen genügenden Leistungsüberschuß des Motors beim Start gewährleistet. Zur Verbesserung des Abfluges kommen ebenso wie bei der Landung Flügelklappen oder Spaltflügel in

Frage; es wird dadurch der Auftrieb und gleichzeitig der Widerstand vergrößert, so daß die Maschine in der Lage ist, unter steilerem Winkel und
mit geringerer Horizontalgeschwindigkeit bei annähernd gleichem Steigvermögen vom Boden abzufliegen, wobei dem Führer das Überhöhen von
Hindernissen an den Flugplatzgrenzen erleichtert wird. In Abb. 76 ist
dieses Verhalten in schematischer Weise veranschaulicht worden.

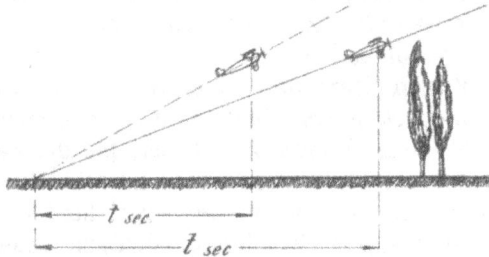

Abb. 76. Überwindung eines Hindernisses durch eine langsame
Maschine mit gutem Steigwinkel und eine schnellere Maschine mit
schlechterem Steigwinkel.

Gestehungskosten.

Der in unserer Definition enthaltene Grundsatz des »billigen«
Fliegens legt die Vermutung nahe, daß die Betriebs- und Unterhaltungskosten bei den wirtschaftlichen Gesichtspunkten eine entscheidende
Rolle spielten. Dem ist aber erfahrungsgemäß nicht so. Wenn man den
in der letzten Zeit verhältnismäßig lebhaften Absatz von Sportflugzeugen
in Deutschland ins Auge faßt, so kann man ganz allgemein, ohne nähere
statistische Grundlagen zu geben, behaupten, daß die Verkaufsmög-
lichkeiten von Sportflugzeugen heute durchaus nicht etwa von der Flugwirtschaftlichkeit, sondern in entscheidender Weise von den Anschaffungskosten der Flugzeuge bestimmt werden. Die relativ besten Geschäfte
machten erfahrungsgemäß die Firmen, die die billigsten Flugzeuge auf
den Markt brachten und die die Robustheit ihrer Bauarten und die absolute fliegerische Zuverlässigkeit in der Luft am überzeugendsten vorzu-
führen vermochten. Der Hinweis, daß die Maschine besonders wirtschaftlich sei und weniger Betriebsstoff als die anderen Typen in der Stunde ver-
brauche, macht erfahrungsgemäß heutzutage auf die Käufer von Flugzeugen geringen Eindruck. Um billig liefern zu können, muß man anderseits, abgesehen von den allgemeinen Unkosten der Fabrikation, die
reinen Gestehungskosten (Material plus Löhne) möglichst niedrig halten.
Beim Material ist eine Ersparnis weniger im Hinblick auf die Güte als
die Menge — und auch hier nur in beschränktem Maße — möglich, wenn
wir zunächst von der grundsätzlichen Frage Holz- oder Metallbau ab-
sehen wollen. Wichtiger ist es, daß schon bei der Konstruktion in
möglichst sinnvoller Weise auf eine Verbilligung der Herstellung Rück-

sicht genommen wird. Die reinen Montagelöhne lassen sich erfahrungsgemäß erheblich herabsetzen, wenn man das ganze Flugzeug in eine
Reihe selbständiger Aggregate zerlegt, die durch wenige, möglichst einfache Paßstellen zusammengesetzt werden. Die bisherige konstruktive
Entwicklung des Leichtflugzeuges steht noch zu sehr im Zeichen der
Typenbildung, als daß man schon von einer ausgesprochenen Befolgung
dieses modernen Fabrikationsprinzips reden könnte. Eine Ausnnahme
macht das früher beschriebene Caspar Leichtflugzeug C 17. Bei Flugzeugen mittleren Gewichts ist dieses Fabrikationsverfahren in vorbildlicher Weise an dem Udet-Tiefdecker U 10 verwirklicht, und unsere

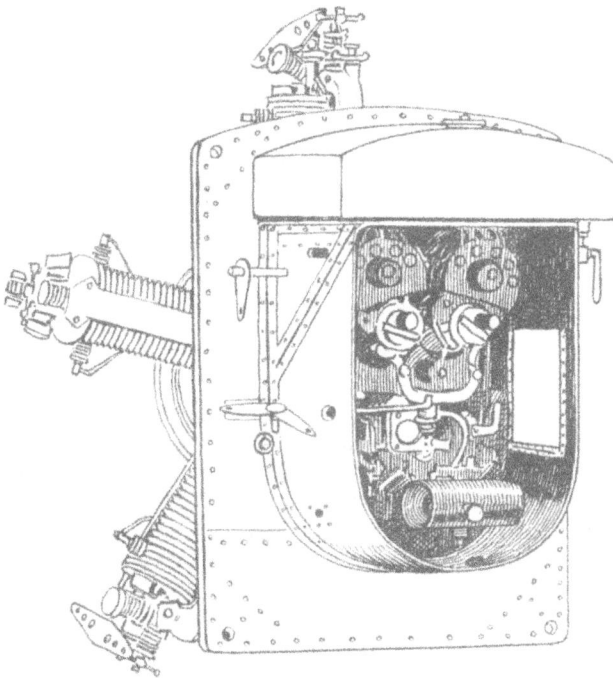

Abb. 77. Vorbildlicher Motoreinbau.

Abbildungen geben einige kennzeichnende Beispiele für die erwähte Bauweise. Abb. 77 zeigt den Motor mit sämtlichen Hebeln, Schaltbrett,
Öltank und Brandspant zu einer einzigen Einheit vereinigt, Abb. 78
gibt eine vorbildliche Zusammenfassung der Steuerbetätigungsorgane
und Abb. 79 zeigt ein zu einer Einheit zusammengefaßtes vollstän-
diges Leitwerk.

Holz- oder Metallbau.

Reine Metallbauarten sind noch durchaus vereinzelt (Short u. Bristol
in England). Der reine Metallbau setzt eine weitgehende fabrikatorische

Erfahrung und besondere mechanische Einrichtungen voraus und wird unter allen Umständen teurer als der Holzbau. Nach den Erfahrungen im Bau größerer Flugzeuge zu schließen, darf man annehmen, daß die Anschaffungskosten beim reinen Metallbau zwei- bis dreimal so hoch

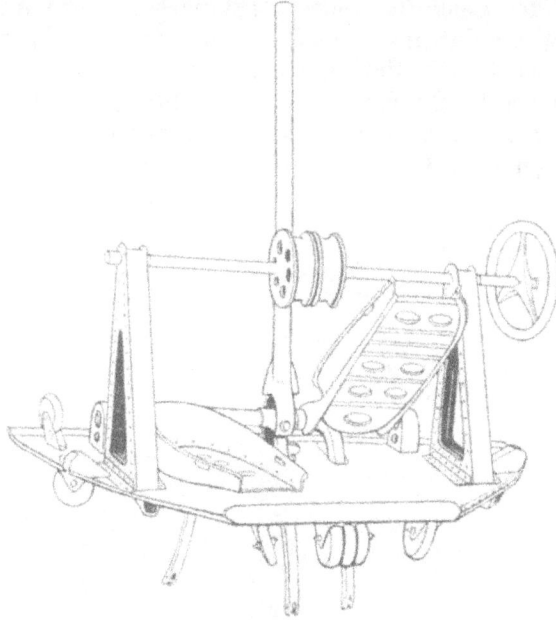

Abb. 78. Steuerungsaggregat.

sind wie bei gleichwertigen Holzflugzeugen. Anderseits haben die erwähnten englischen Beispiele gezeigt, daß die Einführung des Metallbaues im Leichtflugzeugbau durchaus kein besonderes Problem darstellt.

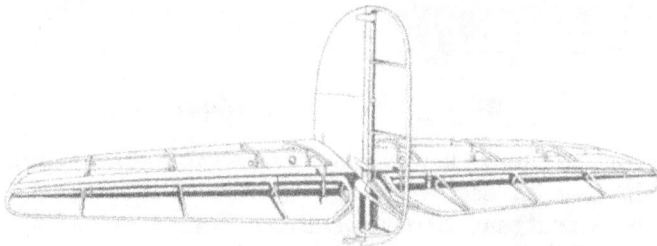

Abb. 79. Leitwerk.

Die Mehrzahl der Konstrukteure bevorzugte bisher eine gemischte Bauweise für den Aufbau des Flugzeuggerippes, unter Verwendung von Holz, Leichtmetall und Stahlrohren. Es ist unbestreitbar, daß die Lebensdauer von Metallflugzeugen größer ist, als bei der gemischten

Bauweise, da der zersetzende Einfluß der Feuchtigkeit fortfällt oder in starkem Maße ausgeschaltet werden kann.

Und doch ist es erstaunlich, wie lange Holzflugzeuge bei guter Pflege ihren Dienst leisten können. Es sei daran erinnert, daß bei manchen Luftverkehrsunternehmungen noch Flugzeuge im Dienste sind, die schon während des Krieges gebaut und als Heeresflugzeuge geflogen wurden. Bei Bruch ist die Reparatur von Metallflugzeugen an sich leichter als von Holzflugzeugen, da das zerstörte Stück herausgeschnitten und neu eingenietet werden kann. Die Praxis hat aber gezeigt, daß die Reparatur bei Metallflugzeugen insofern verteuert und erschwert wird, als größere und

Abb. 80. Der »Habicht« in abgerüstetem Zustand.

wichtige Reparaturen nur von Facharbeitern mit Spezialwerkzeugen ausgeführt werden können. Es ist daher fast immer notwendig, daß die Reparatur in der Fabrik selbst vorgenommen wird. Aus all diesen Gründen ist nicht anzunehmen, daß der reine Metallbau die heutige Bauweise der Leichtflugzeuge in absehbarer Zukunft entscheidend verdrängen wird.

Unterhaltungskosten.

Die Unterhaltungskosten bestehen einmal aus den Kosten für die Pflege und Überholung des Motors und aus den Ausgaben, die für die Unterbringung und Wartung des Flugzeuges selbst aufgebracht werden müssen. Die Aufgabe der leichten Auf- und Abrüstung durch Lösen bzw. Befestigen weniger Bolzen ohne komplizierte Nachstellung und ohne die Notwendigkeit besonderen sachverständigen Personals darf insbesondere im Hinblick auf die englischen Konstruktionen des zweiten Lympne-Wettbewerbs als gelöst betrachtet werden. Als besonders geeigneter Typ hat sich in dieser Hinsicht der verstrebte Tiefdecker gezeigt. Aber auch Hoch- und Doppeldeckerbauarten lassen sich unschwer so ausbilden, daß das Auf- und Abrüsten vom Piloten selbst ohne weitere Hilfsmannschaft durchgeführt werden kann. Dadurch läßt sich der erforderliche Raumbedarf sehr stark einschränken.

Je mehr man von den heute üblichen hochverdichteten und hochtourigen Motoren abkommen wird, um zu den unempfindlicheren Typen mit größerer Füllung und geringerer Drehzahl überzugehen, desto mehr wird es gelingen, die zwischen zwei Überholungen liegende Zahl von Flug-

Abb. 81. Avro »Avis« abgerüstet.

stunden zu steigern. Gegenwärtig rechnet man bei luftgekühlten Flugmotoren mit der Notwendigkeit, die Ventile nach 20—30 Flugstunden neu einzuschleifen. Es hindert uns nichts, anzunehmen, daß man in absehbarer Zeit dazu kommen wird, 200—300 Flugstunden ohne merkbare Verschlechterung der Leistung zu erreichen.

Wirtschaftlicher Leichtbau.

Die reine Flugwirtschaftlichkeit ist, wie bereits eingangs erwähnt, absichtlich an die letzte Stelle gesetzt worden. Die Forderungen der Flugwirtschaftlichkeit sind aerodynamischer und konstruktiver Art. Die strömungstechnischen Forderungen verlangen eine möglichst hohe Gleitzahl des Flugzeuges und einen guten Propellerwirkungsgrad.

Anderseits muß ein hochentwickelter Leichtbau dazu führen, daß das Verhältnis von Zuladung und Leergewicht möglichst günstig wird. Es sind bereits Werte von 0,7—1,12 erzielt worden. Der letzte Wert entspricht dem allerdings bedenklich leicht gebauten Caspar-Leichtflug-

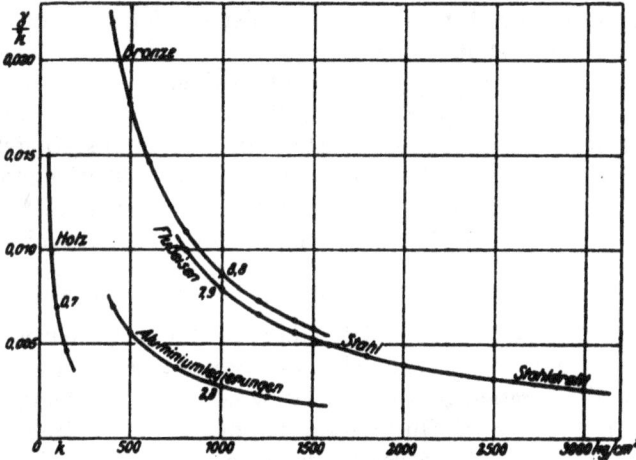

Abb. 82. Materialgütegrade (Zug- u. Druckbeanspruchung nach Prof. Meyer, Z. V. d. J. 1924, Nr. 22).

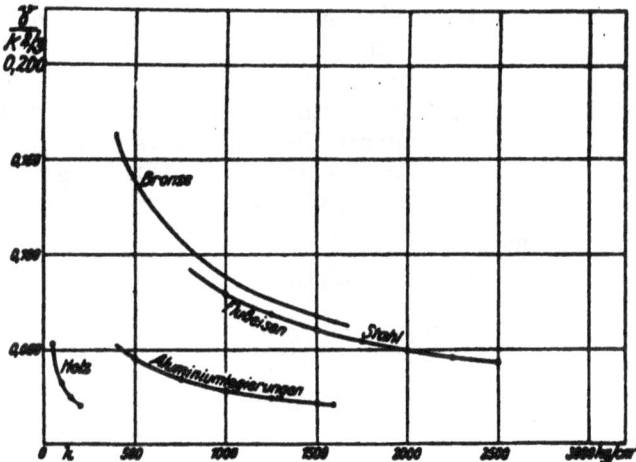

Abb. 83. Materialgütegrade (Biegungs- und Drehungs- beanspruchung nach Prof. Meyer).

zeug CL 17, das ein Leergewicht von nur 145 kg hat. Man ist versucht, anzunehmen, daß diese Zahl sich schon stark in der Nähe des praktisch mit den heutigen Mitteln realisierbaren Grenzwertes bewegt. Die Leistungen anderer Schnellverkehrsmittel ähnlicher Geschwindigkeit sind durch derartige Ergebnisse weit in den Schatten gestellt.

Das Bestreben nach Verminderung des reinen Baugewichts führt dazu, die Anzahl der verschiedenen Bauelemente möglichst zu beschränken und jedem Bauteil eine möglichst vielseitige Aufgabe zuzuweisen, um überflüssige Materialanhäufungen zu vermeiden. So bildet man z. B. in Anwendung dieses Prinzips die Sitze nicht lediglich zur Aufnahme des Gewichts der Insassen und der im Kurvenflug oder beim Abfangen aus dem steilen Gleitflug unter Umständen recht beträchtlichen Massenbeschleunigungen aus, sondern gliedert sie organisch in den statischen Aufbau der ganzen Rumpfkonstruktion ein. Ein anderes Beispiel ist der Verschluß einer Einsteigtüre, der so ausgebildet ist, daß er gleichzeitig bei verschlossener Türe zur Kraftübertragung herangezogen wird. (Einsitzer der Aachener Segelflugzeugbau G. m. b. H.)

Bei der gemischten Bauweise muß man das Material nach dem Grundsatz »der höchsten Gewichtsfestigkeit«, $\frac{k}{\gamma}=$ zulässige Spannung spez. Gewicht, auswählen. Es ist daher nicht immer richtig, sich einseitig für die Anwendung des leichtesten Baustoffes zu entscheiden. Es kann der Fall eintreten, daß für eine gewisse Beanspruchung ein Stahlrohr leichter wird, als ein Duraluminiumrohr. Für eine strenge Auswahl des Baustoffes nach Maßgabe der höchsten Gewichtsfestigkeiten sind vergleichende Untersuchungen in jedem einzelnen Falle unerläßlich. Für gewisse einfache Belastungsfälle und Querschnitte lassen sich allgemeine Beziehungen ableiten. Es handele sich beispielsweise um eine Biegungsbeanspruchung, wobei gleiche Biegungsmomente an entsprechenden Stellen des Trägers vorausgesetzt seien. Die Querschnitte des Trägers sollen einander ähnlich sein, z. B. kreisförmig, so daß sich ihre Widerstandsmomente W wie die dritten Potenzen des Durchmessers und ihre Flächen wie die Quadrate des Durchmessers verhalten. Mit k_1 und k_2 seien die zulässigen Spannungen der betreffenden Materialien bezeichnet. Es bestehen dann folgende Beziehungen:

$$W_1 \cdot k_1 = W_2 \cdot k_2$$
$$d_1{}^3 : d_1{}^2 = \frac{1}{k_1} : \frac{1}{k_2}$$
$$F_1 : F_2 = d_1{}^2 : d_2{}^2 = \sqrt[3]{\frac{1}{k_2{}^2}} : \sqrt[3]{\frac{1}{k_2{}^2}}$$
$$G_1 : G_2 = \frac{\gamma_1}{\sqrt[3]{k_1{}^2}} : \frac{\gamma_2}{\sqrt[3]{k_2{}^2}}$$

$G=$ Gewicht, $\gamma=$ spez. Gewicht.

In ähnlicher Weise lassen sich derartige Vergleiche für die anderen Hauptbelastungsfälle durchführen. Man kommt dann auf diese Weise zu folgendem Ergebnis: Bei Verwendung verschiedener Baustoffe sind unter sonst gleichen Umständen die Gewichte der Bauteile einem Bruch verhältig, dessen Zähler das Raumgewicht des betreffenden Baustoffes ist und dessen Nenner gebildet werden:

Bei Zug und Druck und bei Biegungsträgern von gleicher Querschnittshöhe durch die zulässige Spannung k.

Bei Biegungsträgern von gleicher Breite der Querschnitte und bei Platten durch $\sqrt{k}$.

Bei Biegung von Balken und ähnlichen Querschnitten und bei Drehung durch $\sqrt[3]{k^2}$.

Bei Knickung, soweit die Eulerschen Formeln in Betracht kommen, durch $\sqrt{E}$.

Man erkennt hieraus, daß bei gewissen Belastungsfällen die Anwendung von Holz oder Duralumin zweckmäßiger sein kann im Hinblick auf das Baugewicht als die Anwendung hochwertigen Stahles und umgekehrt.

So wird beispielsweise für eine Zugspannung von 1500 kg/cm² ein Stab aus Stahl oder Flußeisen ungefähr dreimal so schwer als ein entsprechender Stab aus einer Aluminiumlegierung oder es wird für eine

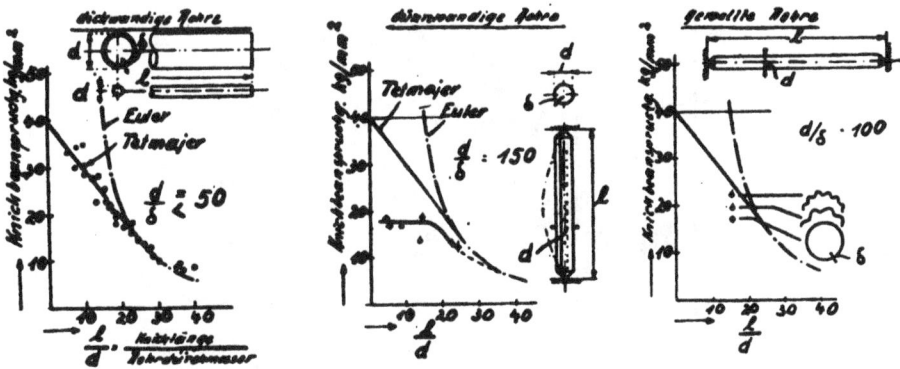

Abb. 84. Knickfestigkeit dünnwandiger Rohre (nach Junkers).

Biegungsspannung von 1500 kg/cm² ein stählerner Träger dreimal so schwer als ein Träger aus einer Aluminiumlegierung bei Voraussetzung eines ähnlichen Querschnitts.

Eine systematische Materialauswahl im Hinblick auf geringeres Baugewicht kann also nur auf Grund ähnlicher Betrachtungen in strenger Weise getroffen werden. Oft wird dabei allerdings der rein rechnerische Vergleich nicht mehr ausreichen, da die analytischen Voraussetzungen nicht mehr erfüllt sind. Es sei darauf hingewiesen, daß die Knickformeln nach Euler und Tetmayer bei Rohren nur dann gültig sind, wenn der Quotient aus Durchmesser d durch Wandstärke δ einen Grenzwert von 100—150 nicht überschreitet (nach Junkers). Es wird sich also häufig der empirische Vergleich nicht vermeiden lassen (Abb. 84).

In dem einer Mitteilung des Luftschiffbaues Schütte-Lanz entnommenen Diagramm sind empirische Werte für die Gewichtsfestigkeit oder den »Gütegrad« bei Knickbeanspruchung zusammengestellt, die für die Beurteilung der Güte des Baustoffs im Leichtflugzeugbau besonders wichtig ist (Abb. 85).

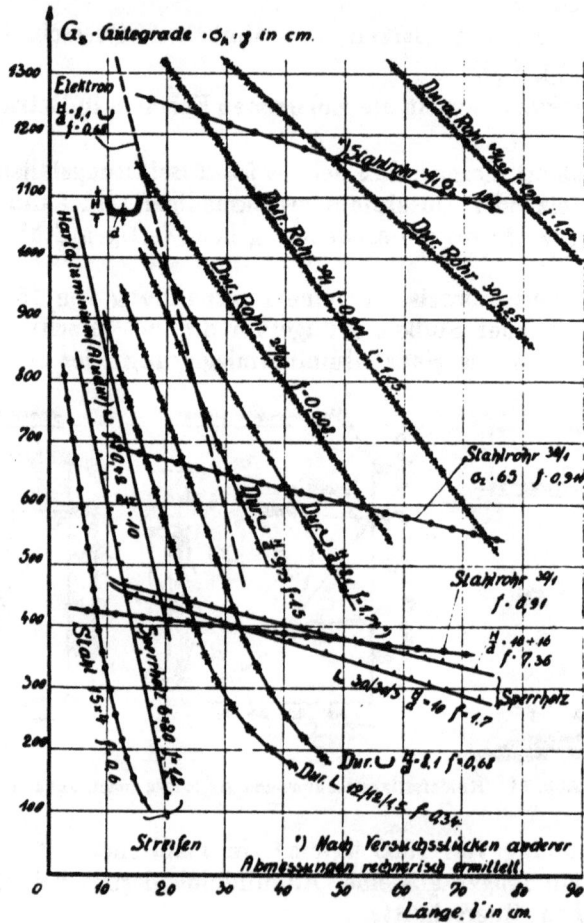

Abb. 85. Stabgütegrade.

Aus den Kurven geht hervor, daß offene Profile sich besonders für die Anwendung in kleineren Längen eignen. Vergleicht man verschiedene Materialien hinsichtlich ihrer Gewichtsfestigkeit, so findet man z. B., daß ein Stahlrohr 30/1 von $\sigma_s = 65$ kg/mm² bei einer Länge von 73 cm einem entsprechenden Rohr aus Duralumin gleichwertig wird. Beim Stahlrohr ist die Knickfestigkeit im Verhältnis der spezifischen Gewichte, d. h. 2,8 mal größer als die des Duraluminrohres. Die

Wandstärke müßte also bei gleicher Knicklast auf $\frac{1}{2,8}=0,36$ mm vermindert werden.

Man wird sich, wenn man die Wahl zwischen einem sehr dünnwandigen Stahlrohr und einem gleichschweren Duraluminiumrohr hat, für das letztere entscheiden, weil die größere Wandstärke des Aluminiumrohrs eine größere Betriebsderbheit und Griffestigkeit gewährleistet.

Die nachstehenden Zahlentafeln enthalten eine Zusammenstellung der Anteile der hauptsächlichen Teilgewichte am Gesamtgewicht von englischen ein- und zweisitzigen Leichtflugzeugen. Diese Zahlen geben im Verein mit den im Abschnitt II gemachten Angaben ein gutes Bild vom Stand des Leichtbaues in der englischen Leichtflugzeugbewegung.

Hersteller	Bezeichnung	Typ	Trag-flügel	Leit-werk	Gesamter Rumpf	Leerge-wicht der Zelle	Motor	Zuladung
Air Nav. Co. .	A. N. E. C. I	E	30,0	2,7	14,3	47,0	21,9	31,1
A. V. Roe. . .	558	D	19,1	3,1	18,6	40,8	24,4	34,8
A. V. Roe. . .	560	E	19,7	3,0	18,7	41,4	22,9	35,7
De Havilland.	D. H. 53	E	20,0	4,0	22,6	46,6	16,7	36,7
Gloucester . .	Gannet	D	16,8	2,5	23,3	42,6	17,4	40,0
Short Bros.. .	Gull	E	24,8	3,4	18,1	46,3	24,0	29,7
Handley Page .	H. P.	E	29,8	4,0	17,1	50,9	11,1	37,3
Ra. A. E. Club	Hurricane	E	21,0	3,6	14,9	39,5	27,5	33,0
Parnall	Pixie I	E	14,0	3,5	17,3	34,8	27,1	38,1
Parnall	Pixie II	E	14,6	3,5	17,2	35,3	26,9	37,8
Vickers . . .	Viget	D	21,6	3,6	18,5	43,7	25,4	30,9
Eng. Elec. . .	Wren	E	24,7	4,8	19,6	49,1	12,5	38,4

Anteil der Einzelgewichte in vH. des Gesamtgewichts bei englischen Leicht-Eindeckern.[1]

Hersteller	Bezeichnung	Typ	Trag-flügel	Leit-werk	Gesamter Rumpf	Leerge-wicht der Zelle	Motor	Zuladung
Bristol	Brownie	E	21,8	2,1	20,7	44,6	15,7	39,7
Cranwell Club .	Cranwell	D	19,6	4,0	19,8	43,4	16,5	39,1
Beardmore . . .	Wee Bee	E	20,9	2,4	21,3	44,6	15,9	39,5
Westland . . .	Wood Pigeon	D	18,1	2,7	20,0	40,8	16,0	43,2
Westland . . .	Widgeon	E	15,6	2,6	29,8	48,0	14,1	37,9
Air Nav. Co. . .	A. N. E. C. II	E	20,6	2,9	17,5	41,0	18,2	40,8
Short Bros. . .	Satellite	E	21,7	3,4	26,2	51,3	13,4	35,3
Supermarine . .	Sparrow	D	23,1	3,1	14,6	40,8	19,9	39,3
A. V. Roe . . .	Avis	D	19,2	2,4	27,1	48,7	14,4	36,9
Hawker	Cygnet I	D	16,5	3,2	12,8	32,5	20,5	47,0
Hawker	Cygnet II	D	16,8	3,3	13,1	33,2	18,6	48,2
Vickers	Vagabond	D	20,8	2,7	20,0	43,5	19,5	39,6
Parnall	Pixie III	E	18,3	3,8	16,5	38,6	19,0	42,4
Parnall	Pixie III a	D	23,8	3,5	15,4	42,7	17,8	39,5

Anteil der Einzelgewichte in vH. des Gesamtgewichts bei englischen Leicht-Zweisitzern.[1]

---

[1] Nach Major J. S. Buchanan, Vortrag von der Royal Aeronautical Society am 30. 10. 1924.

B. Besondere Richtlinien für die Konstruktion.

An erster Stelle interessiert hier die Frage: Welchen Typ soll man bauen, wieviel Personen soll er befördern und was soll er leisten. Wenn es sich nicht um eine rein private, sondern um eine Reihenbauart handelt, gibt die Möglichkeit des Absatzes die entscheidende Antwort auf diese Frage. Das Anwendungsgebiet des Einsitzers ist sehr beschränkt, da er nur für Sportsleute in Frage kommt, die bereits fliegen können. Es ist schwerlich anzunehmen, daß sich auch bei starker Herabsetzung der Anschaffungskosten der Flugsport mit Leichtflugzeugen in ähnlichem Maße entwickeln wird, wie der Automobil- und Motorradsport. Aber auch der verhältnismäßig beschränkte Kreis, der in den nächsten Jahren als Absatzgebiet für Leichtflugzeuge in Frage kommt, wird unbedingt solche Maschinen bevorzugen, die die Mitnahme einer zweiten Person ermöglichen. Das Beispiel von England läßt vermuten, daß sich auch bei uns ein Flugsport mit Leichtflugzeugen nur auf vereinsmäßiger Grundlage entwickeln wird. Die Mission des Leichtflugzeuges besteht zunächst und hauptsächlich in der Heranbildung eines fliegerischen Nachwuchses, die nur dann möglich ist, wenn die Leichtflugzeuge mit zwei Sitzen und Doppelsteuer gebaut werden. Die Grenzen der erforderlichen Flugleistungen müssen sich aus der Aufgabe ergeben, ein Flugzeug zu bauen, das von Wind und Wetter nahezu in ähnlichem Maße unabhängig ist wie die Flugzeuge höheren Gewichtes. Ein reines Schön-Wetter-Flugzeug bedeutete keinen technischen Fortschritt, sondern eine Rückkehr zu überlebten Typen. Die Unabhängigkeit von Wind und Wetter innerhalb des Bereichs der Leistungen heutiger Durchschnittsflugzeuge verlangt neben einem gehörigen Leistungsüberschuß eine durchschnittliche Horizontalgeschwindigkeit im Sparflug von mindestens 100 bis 120 km/h in Bodennähe[1]). Die Steiggeschwindigkeit am Boden sollte im Interesse der Sicherheit des Startes auf keinen Fall unter 1,5 m/s sinken. Diese Forderung der praktischen Erfahrung ist aus Gründen der Sicherheit eigentlich noch wichtiger als die mehr wirtschaftliche Fragen streifende oben erwähnte Forderung der Geschwindigkeit. Auf Grund der im aerodynamischen Teil gegebenen Unterlagen und Kurventafeln sind wir in der Lage, die Frage nach der erforderlichen Motorstärke sehr schnell abzuschätzen. Wir fordern eine Steiggeschwindigkeit am Boden von 2 m/s und machen für die Gewichte folgende Annahmen:

Leergewicht	180 kg
Betriebsstoffe	20 »
2 Personen	150 »
Betriebsgewicht	350 kg

[1]) Man rechnet im Luftverkehr bei Verkehrsflugzeugen mit einer durch den Windeinfluß bewirkten Verzögerung der Reisegeschwindigkeit um ca. 15 vH.

Wenn wir eine Flächenbelastung von 25 kg/m² und ein Seitenverhältnis von 1:6 zugrunde legen, ergibt sich eine Spannweite von ungefähr 9,4 m und eine Flächentiefe von 1,5 m für einen Eindecker.

Aus dem Diagramm (Abb. 53) lesen wir für die geforderte Steiggeschwindigkeit eine Leistungsbelastung von $G/N = 12$ kg/PS ab. Dem entspricht eine Leistung mit Vollgas ohne Überlastung des Motors von 30 PS.

Wenn wir im Sparflug eine Geschwindigkeit von 110 km/h oder 30 m/s fordern, so ergibt sich aus dem Diagramm (Abb. 54) ein erforderlicher Schub von 27 kg. Die dazu gehörige Motorleistung beträgt bei Zugrundelegung eines Wirkungsgrades $\eta = 0{,}55$, ungefähr 20 PS. Wenn wir demnach einen Motor mit einer Spitzenleistung von 40 bis 45 PS wählen, so können wir die geforderte Steiggeschwindigkeit beim Start ohne Überlastung des Motors erzielen und wir besitzen im Sparflug einen Leistungsüberschuß von 100 vH.

Eindecker oder Doppeldecker.

Die konstruktive Entwicklung neigt in Deutschland bei Flugzeugen jeder Gewichtsklasse in entschiedener Weise dem Eindecker zu. Die früher bei uns und heute noch in England übliche Doppeldeckerbauart als Brückenkonstruktion aus Flügeln mit dünnem Querschnitt, mit Stielen und Diagonalverspannung wird bei uns von vornherein zur überlebten »alten Schule« gerechnet. Ein freitragender Doppeldecker ist bei gegebener Fläche, gegebenem Auftrieb, gleicher Spannweite und gleichem Profil dem freitragenden Eindecker durch das ungünstigere Verhältnis von Profilhöhe zu Spannweite unterlegen. Allerdings ist der induzierte Widerstand für den Doppeldecker, wie wir im aerodynamischen Teil gesehen haben, etwas kleiner, jedoch ist dieser Vorteil verhältnismäßig gering, er beträgt im Mittel bei den üblichen Bauformen ungefähr 20 vH des Widerstandes des Eindeckers. Im übrigen haben wir gesehen, daß der Anteil des induzierten Widerstandes am Gesamtwiderstand bei den heute im Leichtflugzeugbau verwirklichten mittleren Abmessungen und durchschnittlichen Gewichts- und Leistungsverhältnissen nicht sehr ins Gewicht fällt.

Das günstigere Verhältnis von Profildicke zu Spannweite sichert dem Eindecker unter gleichen Bedingungen, was Widerstand und Auftrieb anbelangt, gegenüber dem freitragenden oder nur mit Torsionsstielen gebauten Doppeldecker den Vorteil eines etwas geringeren Baugewichts.

Anderseits lehrt die Erfahrung, daß das Gewicht der Zellen bei verspannten und verstrebten Doppeldeckern, die besonders in England für Leichtflugzeuge wieder eingeführt worden sind, auf alle Fälle geringer wird als bei der freitragenden Bauart. Die aerodynamischen Bedingungen sind allerdings durch die zusätzlichen Widerstände der Streben und der

Verspannung verschlechtert. Eine Nachrechnung von Beispielen wird stets lehren, daß der zusätzliche Widerstand der Verspannung durch die verhältnismäßig geringe Verminderung des Profilwiderstandes infolge der Anwendung dünnerer Flügelschnitte nicht derart aufgewogen werden kann, daß der Widerstand des freitragenden, dicken Flügels erreicht wird.

Im allgemeinen deutet die praktische Erfahrung aber darauf hin, daß die aerodynamischen Vorzüge der Eindeckerbauart durch die Gewichts-erleichterung der verstrebten und verspannten Konstruktion ziemlich aufgewogen werden können. Ein Vergleich möge dies lehren. Wir benutzen hierzu die Angaben, welche für den De Havilland-Eindecker und den Doppeldecker der Gloucestershire-Aircraft Works »Gannet«, die beide die gleiche Motoranlage (Blackburne »Tomtit«, 698 cm³) besitzen.

a) »Gannet«-Doppeldecker.

Das Betriebsgewicht einschließlich Pilot und 10,8 l Benzin, beträgt . . . . 209 kg

Die gesamte Motorenanlage einschließlich Rohr-leitungen, Tanks, Luftschraube usw. wiegt . 57 kg

Das Gewicht der Zelle beträgt demnach . . . 76 kg

Flächenbelastung $\frac{G}{F} =$ . . . . 21,8 kg/m²

Leistungsbelastung $\frac{G}{N} =$ . . . . 8,4 kg/PS

b) De Havilland-Eindecker.

Gewicht der Zelle ohne Motor usw. . . . . . . 107 kg

Betriebsgewicht unter den gleichen Voraus-setzungen wie oben. . . . . 240 kg

Flächenbelastung $\frac{G}{F} =$ . . . . 21,6 kg/m²

Leistungsbelastung $\frac{G}{N} =$. . . . . 9,6 kg/PS

Die Leistungsbelastung beim Eindecker ist also bei fast gleicher Flächenbelastung um ungefähr 11,5 vH größer als beim Doppeldecker. Dieser Unterschied genügt anscheinend, um die aerodynamischen Vorteile des Eindeckers aufzuwiegen, da für beide Flugzeuge annähernd die gleiche Höchstgeschwindigkeit angegeben wird (117 km/h).

Man könnte vielleicht den Einwand machen, daß die Sicherheiten der Konstruktion in beiden Fällen nicht die gleichen seien. In der Tat ist anzunehmen, daß der DH-Eindecker eine höhere Sicherheit besitzt. Wenn man aber in ähnlicher Weise einen Gewichtsvergleich bei den Maschinen des zweiten Wettbewerbs in Lympne durchführt, z. B. für den siegreichen »Wee Bee«-Eindecker und den Hawker-Doppeldecker

»Cygnet«, wobei sicherlch die Firmen mit Rücksicht auf die Wettbewerbs-
bestimmungen keine Veranlassung zur Abweichung von den vorgeschriebenen Lastvielfachen hatten, so kommt man zu durchaus ähnlichen Ergebnissen.

Man ersieht hieraus, daß es etwas voreilig ist, wenn man ohne weiteres den freitragenden Eindecker auf Grund seiner aerodynamischen
Vorzüge als unbedingte Forderung für das Leichtflugzeug aufstellt.
Die Vorzüge des Eindeckers vor dem verspannten Doppeldecker sind
konstruktiver Natur und beruhen in erster Linie auf einer Vereinfachung
von Form und Bauart und in einer Vergrößerung der Betriebssicherheit,
weil zahlreiche unsichere Bauglieder, wie Streben, Drähte und Beschläge
wegfallen. Gegen gewisse dynamische Beanspruchungen, z. B. Flügelschwingungen, dürfte jedoch der Doppeldecker bezw. der verstrebte
Eindecker eine stärkere Gewähr bieten als der freitragende Flügel.
Diese Bauarten eignen sich daher besser für Flugzeuge, die besonders
für rücksichtslosen Gebrauch (Kunstfliegen) bestimmt sind.

Anordnung der Flügel beim Eindecker.

Die Anordnung der Flächen beim Eindecker beruht auf einer ganzen
Reihe konstruktiver, aerodynamischer und fliegerischer Erfahrungen,
ohne daß es dabei richtig wäre, den einen oder anderen Gesichtspunkt
ausschließlich zu bevorzugen.

Auf die Einflüsse des Zusammenwirkens von Rumpf, Schraube und
Flügel haben wir bereits im aerodynamischen Teil hingewiesen.

Vom konstruktiven und fabrikatorischen Standpunkt aus ermöglicht
der Tiefdecker zweifellos die einfachste Flächenanordnung. Die Engländer bevorzugen neuerdings den verstrebten Tiefdecker, da die Anordnung der Flügelstiele eine einfache Nachstellung des Anstellwinkels und
der V-Stellung der Flügel ermöglicht. Weiterhin betonen die Engländer die
Möglichkeit, das Leitwerk oberhalb der Flügel anzuordnen und es dadurch,
insbesondere bei großen Anstellwinkeln, dem Einfluß der von den Flügeln
abgelösten Grenzschicht zu entziehen. Trotz dieser unbestreitbaren Vorteile besteht in Deutschland, dem Entstehungsland des Tiefdeckers, eine
wachsende Abneigung der Piloten gegen die Anwendung dieser Bauart bei
Sportflugzeugen. Man bevorzugt den Hochdecker oder besser den Schirm-
eindecker einmal mit Rücksicht auf den besseren Schutz der Insassen
beim Überschlag und ferner, weil man ihm eine geringere Neigung zum
Trudeln nachsagt. Dieses ist bei Sportflugzeugen von besonderer Bedeutung. Unter Trudeln versteht man bekanntlich ein senkrechtes
Abstürzen verbunden mit einer Drehbewegung, wobei die Flugzeug-
längsachse einen Kegelmantel beschreibt. Die Umstände, die zum
Trudeln führen und die den Trudel-Vorgang begünstigen, sind nach dem
Kriege theoretisch besonders in Deutschland (Hopf) und England

(Bairstow), praktisch in ausgedehntem Maße in England und Amerika untersucht worden. Die theoretischen Folgerungen stimmten dabei mit den Beobachtungen am wirklichen Flugzeug gut überein. Nach der von Hopf stammenden Erkenntnis kann sich das Trudeln nur dann als stationärer Zustand ausbilden, wenn das bei der Drehbewegung auftretende schwanzlastige Kreiselmoment dem kopflastigen aerodynamischen Moment das Gleichgewicht zu halten vermag. Das kopflastige Moment ist bedingt durch die großen Anstellwinkel, die beim Trudeln erreicht werden. Der Betrag des Kreiselmoments hängt von der Differenz der beiden Trägheitsmomente des Flugzeuges um die Querachse ab. Man kann den Wert dieses Kreiselmomentes sehr stark herabsetzen, wenn man ober- und unterhalb des Schwerpunktes bedeutende Massen anordnet. Es ist ohne weiteres einzusehen, daß diese Möglichkeit in erhöhtem Maße beim Hochdecker (und auch beim Doppeldecker) besteht, während die Verhältnisse beim Tiefdecker in dieser Hinsicht ungünstiger liegen, da die Flügel in Höhe oder sehr in der Nähe des Schwerpunktes angeordnet sind. Man kann diese Bedingungen beim Tiefdecker allerdings dadurch etwas verbessern, daß man die Schwanzlänge möglichst reduziert. Jedoch sind hierbei mit Rücksicht auf die dynamische Stabilität und die Steuerwirkung gewisse Grenzen gesetzt. Wir finden dieses Verfahren z. B. bei dem mehrfach erwähnten Caspar-Eindecker C L 17 verwirklicht, wobei der Konstrukteur zu einer verhältnismäßig großen Spannweite gezwungen war, um eine geringe Flügeltiefe verwirklichen zu können.

Die praktische Erfahrung bestätigt die oben skizzierten theoretischen Annahmen. Hochdecker und Doppeldecker lassen sich überraschend leicht, selbst wenn sie mit zwei Personen bemannt sind, durch Drücken aus dem Trudeln herausnehmen und eignen sich aus diesem Grunde für Flugzeuge, die besonders für Kunstflüge bestimmt sind. Über das Verhalten der Tiefdecker hat man nur geringe praktische Beobachtungen wegen des oben erwähnten Mißtrauens der Piloten. Der Verfasser besitzt persönlich auf Tiefdeckern keine fliegerische Erfahrung, es wurde ihm aber mehrfach von Piloten bestätigt, daß als Tiefdecker gebaute Sportflugzeuge gar nicht oder nur sehr schwer aus dem Trudeln heraus zu nehmen sind. Jedenfalls bedeutet das Trudeln im Tiefdecker für einen unerfahrenen Piloten eine wesentliche größere Gefahr als im Hoch- oder Doppeldecker.

C. Zur Technologie des Leichtflugzeugs.

Aufbau der Flügel.

Beim Flügelaufbau sind grundsätzlich zwei Verfahren zu unterscheiden, einmal diejenige Bauart, bei welcher die Kräfte von einem aus Holz oder Metall bestehenden Gerippe aufgenommen werden, wobei die Bespannung aus celloniertem und lackiertem Stoff lediglich den Zweck einer Hülle erfüllt. Bei der zweiten Bauart bildet die Beplankung der Flügel ein Element im statischen Aufbau, indem sie zur Aufnahme und Weiterleitung von Kräften herangezogen wird. Man bezeichnet dieses Verfahren auch als Flügelaufbau mit »tragender Haut«.

Bei der ersten Bauweise wird das Gerippe aus zwei Holmen und darübergeschobenen Rippen gebildet. Zur Aufnahme der Stirndrücke dient eine im Flügel angeordnete Brückenkonstruktion aus Druckstreben oder Kastenrippen und diagonaler Drahtverspannung.

Die Holme sind meistens mit kastenförmigem Querschnitt aus Spruce- oder Kieferngurten und Sperrholzwänden (Birke) aufgebaut. Manchmal sind die Gurten derartig ausgefräst, daß die seitlichen Leimflächen für die Sperrholzwände möglichst groß ausfallen (Abb. 86). Abb. 88 zeigt eine etwas ungebräuchlichere Holmart als Gitterträger, die an dem Westland-Leichtflugzeug verwirklicht war. Sie erinnert an die Flügelbauart des ersten Aachener Segelflugzeuges.

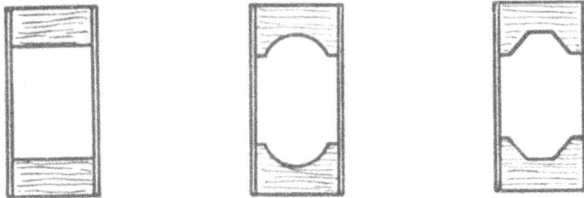

Abb. 86. Holmquerschnitte.

In Abb. 87 sind einige Beispiele für den Aufbau der Rippen dargestellt. Die erste Ausführung ist im Leichtflugzeugbau fast durchweg aufgegeben worden, da sie teuer und relativ schwer ist. Sie besteht aus einem dekoupierten Sperrholzsteg b und zwei genuteten Gurten a. Die Abfälle bei der Herstellung des Sperrholzsteges sind sehr groß. Dadurch wird das Verfahren teuer.

Die zweite Ausführung ist häufiger und wird in England bevorzugt. An Stelle eines Sperrholzsteges wird ein verhältnismäßig schmaler Kamm b mit den Gurten verbunden, an welchem die Leisten c fachwerkartig befestigt werden. Der kurze Steg b wird entweder in eine Nut des Gurtes eingesetzt, oder er wird seitlich an den Gurt angeleimt bezw. genagelt. Auch kann man den Gurt teilen und zu beiden Seiten des Steges anleimen.

Noch einfacher ist die dritte Ausführung, bei welcher vollkommen auf einen Steg verzichtet worden ist. Die Versteifung der Rippe erfolgt durch Leistchen b, die mit Hilfe der aus je zwei Sperrholzstücken gebildeten Knotenpunkte c mit den Gurten a verbunden werden. Diese Bauart ist sicherlich die billigste, da bei ihr fast keine Abfälle vorkommen. Es lassen sich im Gegenteil etwa vorhandene Sperrholzabfälle sehr leicht nutzbringend verwerten. Die Ausführung der Knotenpunkte erfolgt durch Verleimen und gleichzeitiges Nageln. Diese Bauart ist beispielsweise in England bei dem Hawker- und bei dem Avro-Doppeldecker angewandt worden.

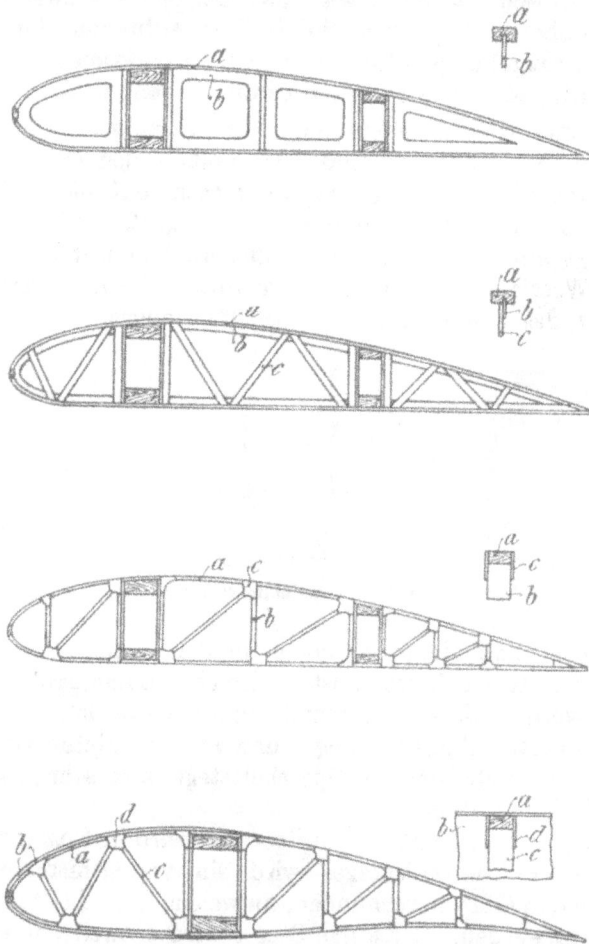

Abb. 87. Beispiele für Rippenbauarten.

Die Druckstäbe für die Widerstandsversteifung im Flügel werden gebildet durch Kastenrippen, Distanzrohre oder Druckstreben, oder durch Rahmen, die aus Leichtmetallprofilen genietet sind.

Am ungünstigsten sind Distanzrohre bei dicken Profilen, da dann die Flügel erfahrungsgemäß nicht genug verdrehungssteif ausfallen. Zweckmäßiger sind Kastenrippen oder die durch den Udet-Flugzeugbau eingeführten Leichtmetallrahmen. Die Kosten des Flügelaufbaues lassen sich dadurch vermindern, daß man die Zahl der erforderlichen Rippen- größen und Materialstärken möglichst beschränkt.

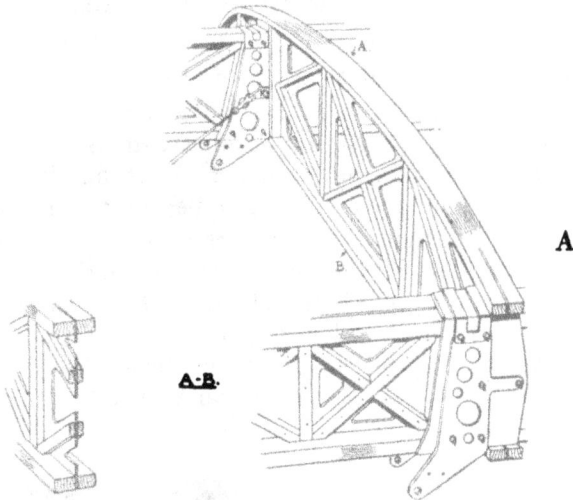

Abb. 88. Holm- und Rippenbau der Westland-Leichtflugzeuge.

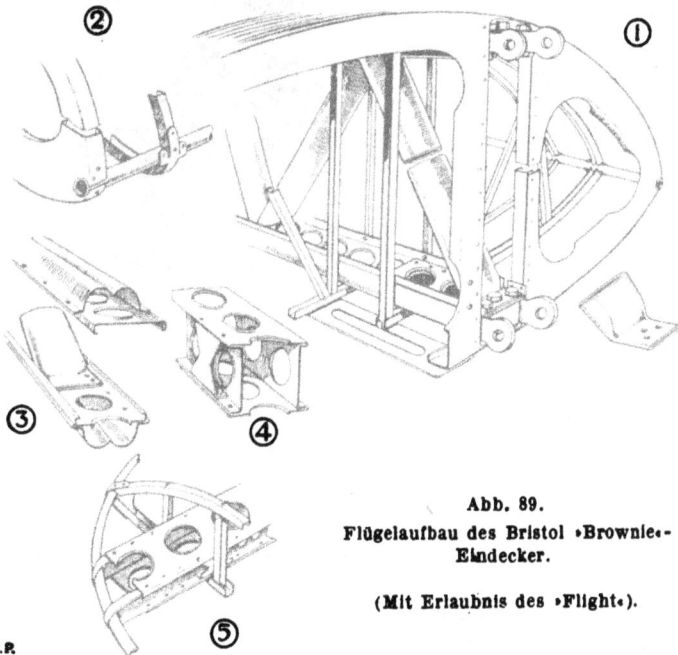

Abb. 89.
Flügelaufbau des Bristol »Brownie«-
Eindecker.

(Mit Erlaubnis des »Flight«.)

In Abb. 89 sind einige Einzelheiten der an dem englischen Brownie-Eindecker der Bristol-Werke verwirklichten Metallkonstruktion dargestellt. Der Holm ist ein im Dreieckverband aufgebauter Gitterträger, während die Rippen aus ganz dünnen Leichtmetallprofilen gebildet sind.

Flügelaufbau mit tragender Haut.

Beim Flügelaufbau mit tragender Haut ist die einholmige und die zweiholmige Bauweise zu unterscheiden.

Die einholmige Bauart wird in Deutschland bei Einsitzer-Leichtflugzeugen bevorzugt. Sie ist unmittelbar dem Segelflugzeugbau entlehnt, und zwar zuerst in vorbildlicher Weise an dem Segelflugzeug »Vampyr« der akademischen Fliegergruppe Hannover verwirklicht.

Das Prinzip der einholmigen Bauart ist durch den vierten Flügelquerschnitt in der Abb. 87 dargestellt. Der Vorderholm und die Flügel werden mit Hilfe der Sperrholzbeplankung b zu einer torsionsfesten Röhre vereinigt. Diese Art des Flügelaufbaues eignet sich besonders gut für die Anwendung der Joukowski-ähnlichen Profile mit spitz zulaufender Hinterkante. Zur Anlenkung der Verwindungsklappen wird ein Hilfsholm eingebaut (Abb. 90).

Abb. 90. Flügelgerippe des »Habicht«.

Bei der zweiholmigen Bauart erstreckt sich die Sperrholzbeplankung über das ganze Gebiet zwischen beiden Holmen. Das hinter dem Hinterholm liegende Flächenstück wird sowohl bei der einholmigen, als auch bei der zweiholmigen Bauart mit Stoff überzogen. Besonders weit getrieben ist diese Bauart an dem Caspar-Leichtflugzeug CL 17. Für den ganzen Flügel hat man nur 10 Rippen bei insgesamt drei verschiedenen Rippengrößen angewandt, wobei der Rippenabstand zwischen 80 cm und 1 m schwankt. Die Dicke der Sperrholzhaut beträgt im Maximum 2 mm und nimmt an den Flügelenden auf 0,8 mm ab. Die Sperrholzfelder werden durch parallel zu den Holmen verlaufende Dreikantleisten versteift (Abb. 91). Das gleiche Verfahren war an dem englischen Wee-Bee-Eindecker verwirklicht, wobei man allerdings eine große Rippen-

Abb. 91. Zweiholmiger Flügel mit tragender Haut. (Bauart von Lössl).

anzahl bei geringerem Abstand wählte. Die Sperrholzbeplankung ist hierbei auch nur auf das zwischen den beiden Flügelstielen liegende Gebiet der Flügelspannweite beschränkt worden.

Metallflügel mit tragender Haut sind bisher im Leichtflugzeugbau noch nicht verwirklicht worden.

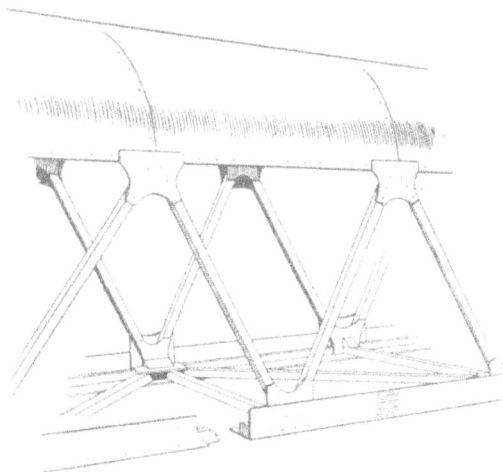

Abb. 92. Rumpfbauart von ›Avro‹.

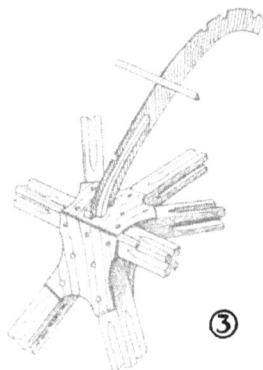

Abb 93.
Rumpfbauart von ›Hawker‹.
(Mit Erlaubnis des ›Flight‹).

Lachmann, Leichtflugzeugbau.

9

Aufbau des Rumpfes.

Die verschiedenen Rumpfbauarten lassen sich grundsätzlich nach dem gleichen Prinzip der nichttragenden oder tragenden Haut einteilen. Bei der Ausführung in Holz wird in England ein Dreieckverband bevorzugt, der in Abb. 92 veranschaulicht ist (Avro-Doppeldecker). Die Knotenpunkte werden dabei durch Sperrholzstücke gebildet, die mit

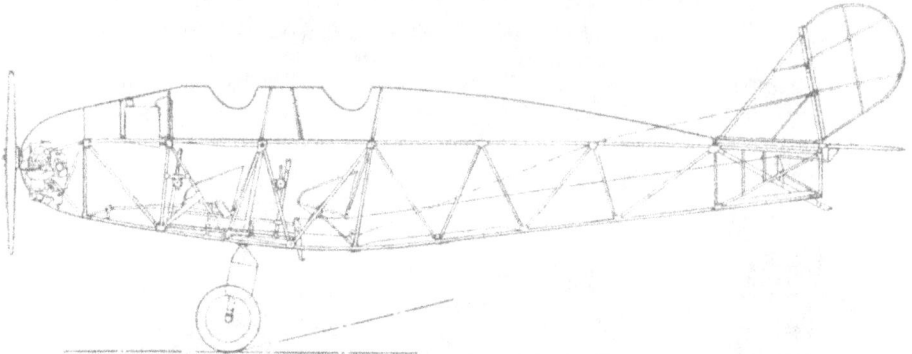

Abb. 94. Rumpf des »Parnall Pixie III«. (Mit Erlaubnis des »Flight«).

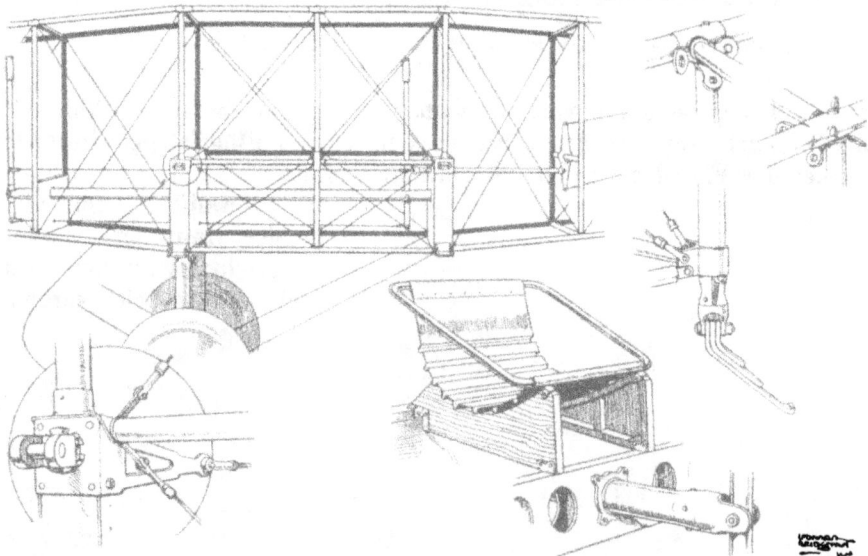

Abb. 95. Rumpfbauart von »Bristol«.

den Holmen und den Streben verleimt, verschraubt oder vernietet sind. Abb. 93 zeigt die Ausführung eines Rumpfknotenpunktes bei dem Hawker-Doppeldecker. Rumpfholm und Druckstreben besitzen dabei das gleiche x-förmig ausgefräste Profil. Abb. 94 zeigt schließlich eine

Seitenansicht des Rumpfes des Parnall Pixie-Eindeckers, der nach dem gleichen Verfahren aufgebaut ist. Hierbei ist auch deutlich der Motor-

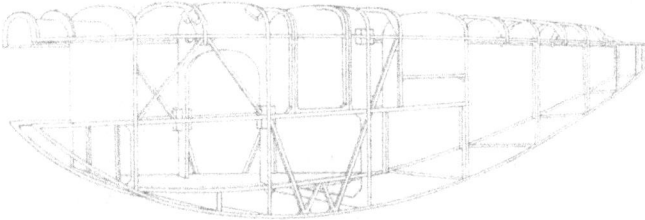

Abb. 96. Spantengerüst des »Kolibri«-Rumpfes.

und Sitzeinbau, die Anordnung des Benzintanks und des Fahrgestells erkennbar. Bemerkenswert ist bei allen Rumpfkonstruktionen das Be-

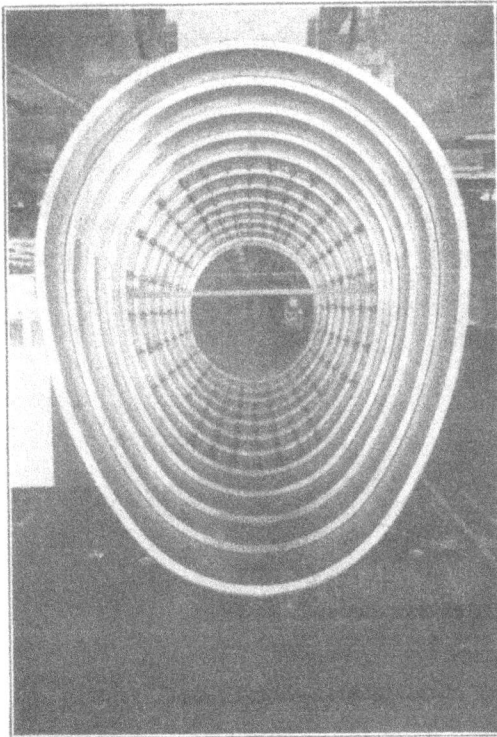

Abb. 97. Metallrumpf ohne Längsträger. (Bauart von Short Bros).

streben, eine möglichst große Rumpfverkleidung anzubringen und die eigentliche tragende Rumpfkonstruktion möglichst klein zu halten. Die Rumpfverkleidung wird entweder wie beim Avro-Doppeldecker aus

9*

Sperrholz, oder wie beim Hawker-Doppeldecker aus einem ganz leichten
stoffüberzogenen Rahmenwerk gebildet.

Die altmodische auf Bleriot zurückgehende Holz-Draht-Ausführung
des Rumpfes ist fast vollständig aufgegeben worden.

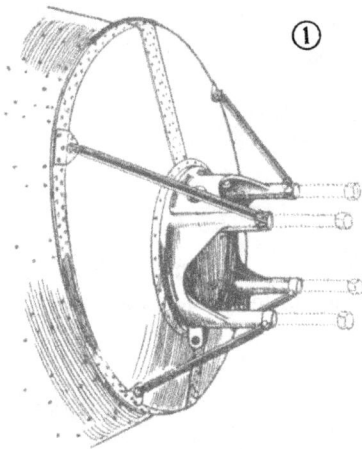

Abb. 98.
Motoreinbau beim Short »Satellite«.
(Mit Erlaubnis des »Flight«).

Für stoffüberzogene Gitterrümpfe
in Metallbauart wurde bisher Stahlrohr
bevorzugt. Der Rumpf des Breguet-
Eindeckers »Kolibri« ist aus Duralumin-
röhren unter Verwendung von Stahl-
rohrmuffen aufgebaut. Bei der Herstellung von Knotenpunkten von Stahlrohrrümpfen bevorzugt man in Deutschland das autogene Schweißverfahren
wegen seiner Einfachheit und Billig-
keit. Bei sehr geringen Wandstärken
besteht allerdings die Gefahr des Ver-
brennens der Schweißstellen, was oft
äußerlich nicht ohne weiteres sichtbar
ist. Der von Seehase[1]) stammende
Vorschlag, die Sicherheit der Schweißstellen durch Einschweißen von Steg-
blechen bei gleichzeitiger Kühlung der
nächsten Nachbarschaft der Schweißstellen erscheint zweckmäßig, hat
sich aber bisher nicht eingeführt. Bei Rohrwandstärken über 0,6 mm

Abb. 99. Metallrumpf des Short »Satellite«.

und bei Verwendung geübten Personals hat sich das autogene Schweißverfahren bei leichten Sportflugzeugen in Deutschland durchaus bewährt. Der große Vorzug dieser Bauweise besteht außerdem noch darin,
daß man sehr leicht Reparaturen ausführen kann.

[1]) Ein neues Stahlbauverfahren v. Dr.-Ing. Hans Seehase. Flugsport XV. Jahrg.
1923.

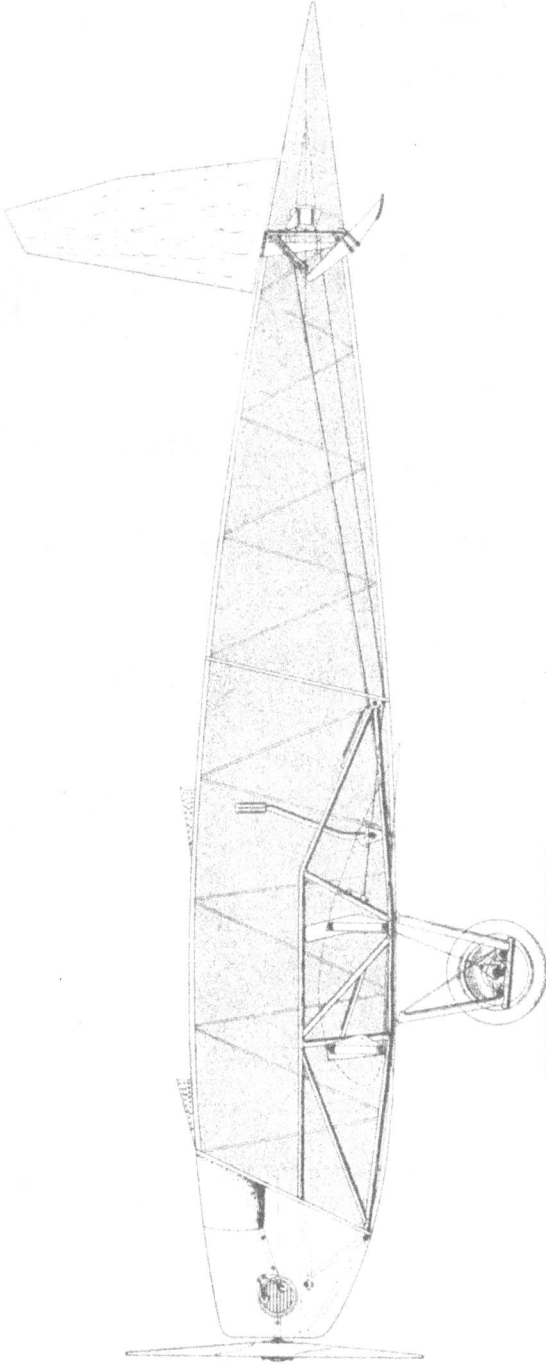

Abb. 100. Sperrholzrumpf mit Stahlrohrbrücke (Caspar CL 17).

In England ist das autogene Schweißverfahren im Flugzeugbau verpönt. Die Verbindung der Knotenpunkte erfolgt daher auf umständlichere Weise durch Rohrmuffen und- Schrauben (Abb. 95).

In Deutschland wird häufig bei Rümpfen von Leichtflugzeugen die Bauweise mit tragender Sperrholzhaut angewendet. Abb. 96 gibt ein anschauliches Bild von dem Spanten-Gerüst, das bei der Konstruktion des

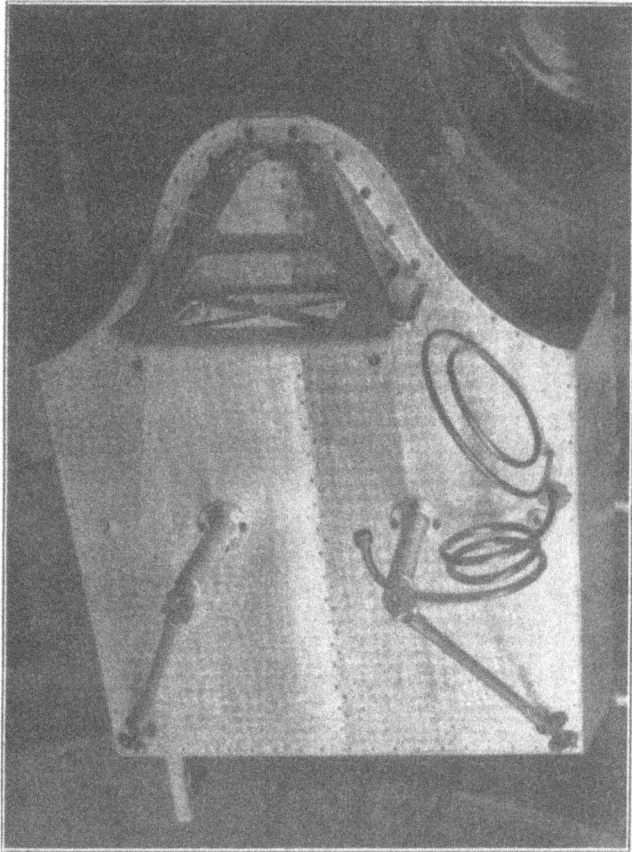

Abb. 101. Motorspant der Beardmore »Wee Bee«.

Udet-Leichtflugzeugs zugrunde gelegt worden ist. Metallrümpfe mit tragender Haut sind in England von der Firma Short Bros., Rochester, ausgeführt worden, die auch für große Flugzeuge das gleiche Verfahren bevorzugt. (Abb. 97.)

Der Rumpf besteht aus einer Anzahl von einzelnen konischen Schüssen aus Duraluminblech, die an zwei Ringe von L-förmigem Querschnitt angenietet werden. Mit Hilfe dieser Ringe werden die einzelnen

Schüsse verbunden. Die Länge der einzelnen Verbindungsstücke richtet
sich nach der Krümmung der Rumpfkontur, d. h. an den Stellen, wo die
Rumpfkontur stark gekrümmt ist, z. B. an der Rumpfspitze, werden
zahlreiche kurze Schüsse verwendet. Die einzelnen Schüsse sind durch
längslaufende aufgenietete V-Profile verstärkt. Trotz der einfachen
Konstruktion scheint diese Bauart etwas zu schwer auszufallen. Der

Abb. 102. Motoreinbau der Beardmore »Wee Bee«.

Short-Eindecker »Satellit« konnte sich beispielsweise nicht mit zwei
Personen vom Boden erheben.

Eine interessante Verwendung von Holz und Metall beim Aufbau
des Rumpfes ist an dem Caspar-Leichtflugzeug CL 17 verwirklicht worden.
Der Rumpf besteht hierbei aus einer Brücke von geschweißten Stahlrohren, an der alle Hauptlasten und Kräfte angreifen. Die Verbindung
mit dem Leitwerk erfolgt durch einen sehr leichten spantenlosen Sperrholzrumpf, der vier längslaufende Dreikant-Leisten als Holme besitzt. Die

Wände sind durch entsprechende Dreikantleisten, die im Dreieckverband aufgeleimt sind, versteift. Der Rumpf wird an seinem Hinterende durch eine Metallspitze abgeschlossen, die das Leitwerk und den Sporn

Abb. 103. Motoreinbau beim Avro-Einsitzer.

trägt. Der Sporn selbst ist das »Sollbruchorgan« ausgebildet, so daß er bei harten Stößen bricht, ehe die Rumpfkonstruktion selbst in Mitleidenschaft gezogen wird (Abb. 100).

Abb. 104. Rumpfspitze mit zurückgeklappter Motorhaube (»Habicht«).

Motoreinbau.

Allgemein gebräuchlich ist das Verfahren, das Vorderteil des Rumpfes stumpf oder schräg abzuschneiden, und den Endspant gleichzeitig als Brandspant auszubilden. Der Motorträger wird aus einem einfachen Gerüst aus Stahlrohren oder Duraluminprofilen gebildet. Besonders einfach gestaltet sich der Einbau des Bristol »Cherub«, der mit vier Gehäuseschrauben an den Motorträgern angeschraubt wird. Zur Verkleidung des Motors dient meistens eine einfache Haube aus Duraluminblech. Benzin- und Öltank werden unmittelbar hinter dem Motorspant angeordnet. Allgemein üblich ist hierbei eine Fallbezinanlage. Dabei werden die Zylinder bei V-förmiger Anordnung fast durchweg hängend angeordnet.

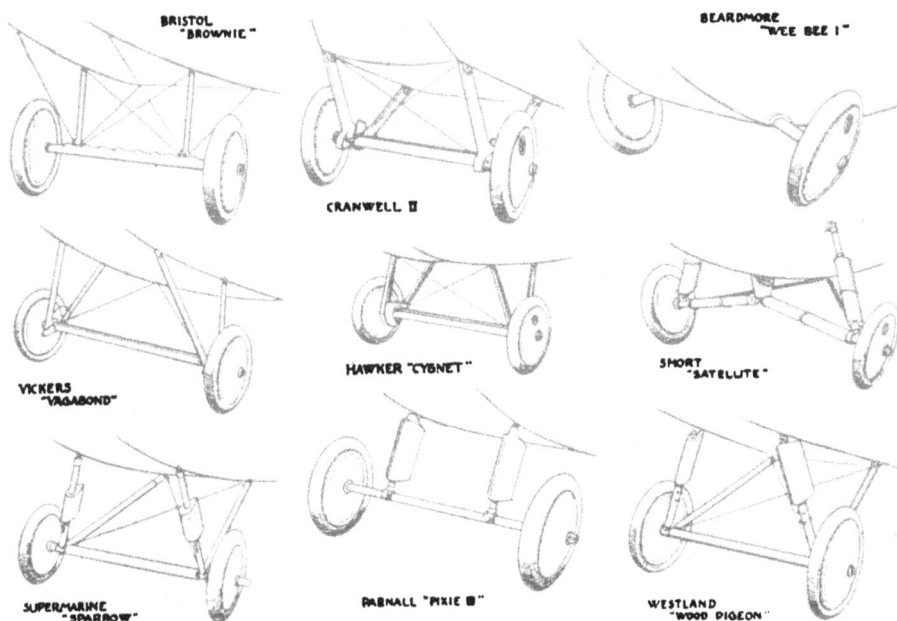

Abb. 105. Fahrgestellbauarten englischer Leichtflugzeuge. (Mit Erlaubnis des »Flight«).

Fahrgestellaufbau.

Besondere Mannigfaltigkeit besteht im Aufbau der Fahrgestelle. In Abb. 105 ist eine Reihe englischer Fahrgestellbauarten zusammengestellt. Man sieht hier die verschiedensten Bauweisen veranschaulicht von den rudimentären Formen des Bristol-Fahrgestells angefangen bis zu den verkleinerten Nachbildungen neuzeitlicher Fahrgestellkonstruktionen unter Verwendung vereinigter Gummiabfederung und Ölstoßdämpfer.

Ausbildung der Steuerruder und Steuerbetätigung.

Die Steuerflächen werden entsprechend der Flügelkonstruktion entweder als stoffüberzogene Rahmen ausgebildet, wobei das Gerippe entweder in Holz oder in Leichtmetall hergestellt wird. Die letztgenannte Bauart ist an dem Udet-Leichteindecker verwirklicht. Bei dem Caspar-

Eindecker sind die Steuerruder durchweg mit tragender Sperrholzhaut aufgebaut. In England bevorzugt man eine einseitige Anlenkung der Querruder an der Unterseite des Holmes, wobei zwischen Hauptflügel und Querruder ein dreieckiger Schlitz entsteht. Die von Avro gewählte Querruderanlenkung und Betätigung mit Hilfe eines durch die Klappe längs der ganzen Spannweite verlaufenden Torsionsrohres aus Duralumin erinnert an das sich in Deutschland neuerdings an größeren Flugzeugen einbürgernde Verfahren.

Besonders bemerkenswert ist die sorgfältige Durchführung der Querruderbetätigung am Avro-Doppeldecker, wobei die Klappen gleichzeitig unter Beibehaltung ihrer Querruderwirkung zur Wölbungsvergrößerung gleichmäßig nach unten gezogen werden können. Wie aus Abb. 107 ersichtlich, ist das Lager für die Knüppelachse auf dem Kopf einer Schraubenspindel angeordnet, die durch Drehung eines Kettenrades gehoben und gesenkt

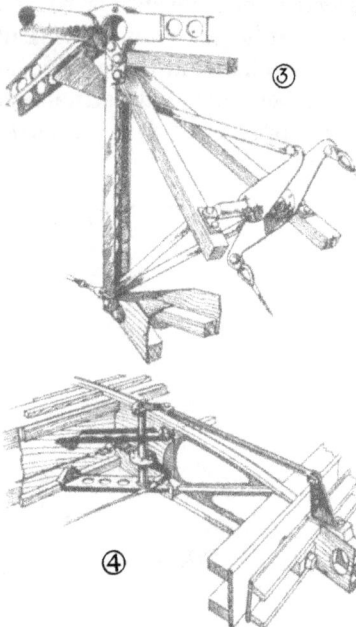

Abb. 106. Höhen- und Differentialquerruderbetätigung unter Benutzung von Stoßstangen. (Mit Erlaubnis des »Flight«).

werden kann, wodurch eine gleichsinnige Verstellung der beiden Klappen erfolgt. Ein ähnliches Verfahren ist in etwas einfacherer Form an dem Heinkel-Tiefdecker E 18 mit Spaltflügelklappen zur Anwendung gelangt.

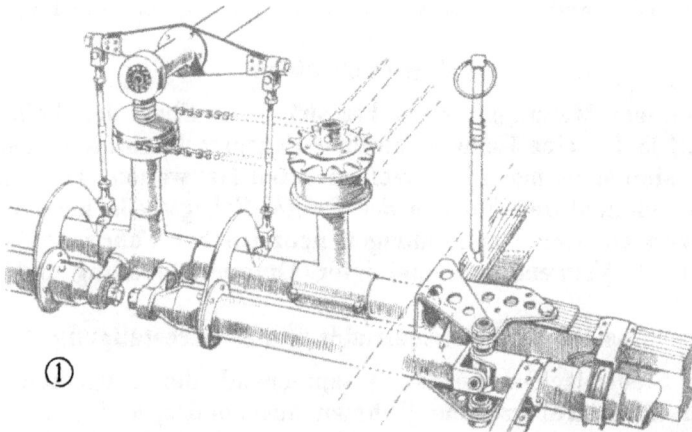

Abb. 107. Betätigung der Flügelklappen am Avro-Doppeldecker. (Mit Erlaubnis des »Flight«).

V. Anhang.

Zahlenmäßige Unterlagen für den Leichtbau.

(Nach Mitteilungen des Luftfahrzeughaus Schütte-Lanz.)
»Schütte-Lanz«-Sonderheft der Z.F.M. 1924.

Zahlentafel 1. Konstruktionsdaten.

	Stahl				Dural		
	Blech	off. Prof.	Rohr	Draht	Blech	off. Prof.	Rohr
σ_z	80	100	100	165	40	42	45
σ_{str}	50	75	75	140	33	33	34
σ_d	70	100	100	—	33	38	40
D	15	10	10	3	15	10	8
τ-Niete . .	50				24		

Zahlentafel 2. Beispiele für verschiedene Materialarten.

I. Stahl.

	Zug-festigkeit $\sigma_z{}^1)$	Streck-grenze σ_{str}	Dehnung D
Luftgehärtetes Rohr 40/03 . . .	160	—	3
» nicht gehärtet . .	100	—	12
» » »	64	—	4
Stahlband 0,3—0,5 mm stark . . .	130	120	5
U-Profil	80	50	12
Sog. Konstruktionsstahl	85	73	15
	120	90	10
	105	80	13

II. Dural.

	σ_z	σ_d	D
Rohr 30/I	46	38	12
» 30/I, 25	46	43	5
U-Profil	47	35	22
»	40	38	12

Zahlentafel 3. Materialgütegrade.

	Spezif. Gewicht in g/cm³	Materialgütegrade $G_1 = \sigma_z : \gamma$	$G_2 = \sigma_d : \gamma$
Stahlblech	—	1000	900
Stahlprofil und Rohr .	~7,85	1300	1300
Stahldraht	—	2000	—
Dural-Blech	=	1400	1200
» -Profil	~2,8	1500	1300
» -Rohr	=	1600	1400
Gußalumin	2,65	—	—
Hartalumin Profil . .	2,7	—	—
Elektron	1,8	—	—
Sperrholz (Aspe) . . .	0,6	870	600
Tragender Querschnitt etwa 70 vH	0,5	1050	700

G = Gütegrad.
σ_z = Zugfestigkeit kg/cm².
σ_d = Druckfestigkeit kg/cm².
γ = spezifisches Gewicht in g/cm² oder kg/cm².

Zahlentafel 4. Festigkeitszahl in kg/cm² für gut gewachsenes Vollholz.

Für die weicheren Hölzer (Nadelholz, Aspe) gilt überwiegend der untere, für härtere Hölzer (Esche, Buche, Akazie) der obere Bereich.

Parallel zur Faser σ_d = 360 bis 750 kg/cm².
σ_z = 1,2 bis 1,5 τ_d.
τ = 1/8 bis 1/6 σ_d.
Quer zur Faser σ_d = 1/10 bis 1/4 σ_d.
τ = 0,3 bis 0,3 δ_d.

Zahlentafel 5. Festigkeitsmittelwerte in kg auf 1 cm² bei 15 : 25 vH Feuchtigkeitsgehalt (15 vH = lufttrocken).

Festigkeits- arten	zur Faser- richtung	Eiche	Buche	Esche	Ulme	Tallow	Lärche	Kiefer	Fichte	Tanne	Aspe
Zug σ_z . .	//	1000	1300	1300	1000	1100	1100	800	750	800	800
Druck[1]) σ_w.	//	360	300	500	400	630	450	280	270	300	320
Scherung τ	//	80	80	60	60	100	70	40—60	40—70	60	50
Biegung[2]) σ_b	//	600	670	850	850	1000	600	420	430	550	550

// bedeutet parallel zur Faserrichtung.

[1]) σ_w = Würfelfestigkeit $< \sigma_d$.
[2]) σ_b = Stauchfestigkeit bei Stützung der Fasern und maßgebend bei Sperrholz.

Zahlentafel 6. Raumgewichte für Vollholz und Materialgütegrade G_m.

(Die Zahlen in Klammern gelten für Sperrholz.)

	Raumgewichte[1]			Gütegrade[1]	
	lufttrocken 10 vH Feuchtigk. Mittelwert γ_1	gedarrt 110° Mittelwert γ_2	$\gamma_1 - \gamma_2$	G_m in cm $= \dfrac{\sigma_z}{\gamma^1}$ (10 vH Feuchtigkeit)	G_m in cm $= \dfrac{\sigma_d}{\gamma^1}$ (10 vH Feuchtigkeit)
Ahorn . . .	0,67	0,63	—	—	—
Birke . . .	0,64	0,61	—	—	—
Eiche . . .	0,86	0,66	0,20	1160	420
Erle	0,53	0,43	—	—	—
Esche . . .	0,75	0,62	0,13	1740	670 (725)
Fichte . . .	0,47	0,44	0,03	1600 (1050)	530 (600)
Kiefer . . .	0,52	0,51	0,01	1540 (1000)	560 (530)
Lärche . .	0,62	0,46	0,16	1780 (1150)	725 (630)
Linde . . .	0.46	0,42	—	—	—
Pappel . .	0,45	0,37	—	—	—
Aspe . . .	0,48	0,40	0.06	1670 (1100)	625 (725)
Pitchpine .	0,70	—	—	—	—
Rotbuche .	0,74	0,57	—	—	—
Ulme . . .	0,69	0,52	0,17	1450	580
Weißbuche	0,72	—	—	1800	420
Weißtanne	0.48	—	—	1670	721

[1]) Bei Sperrholz ist das Raumgewicht und die Stauchfestigkeit größer als bei Vollholz.

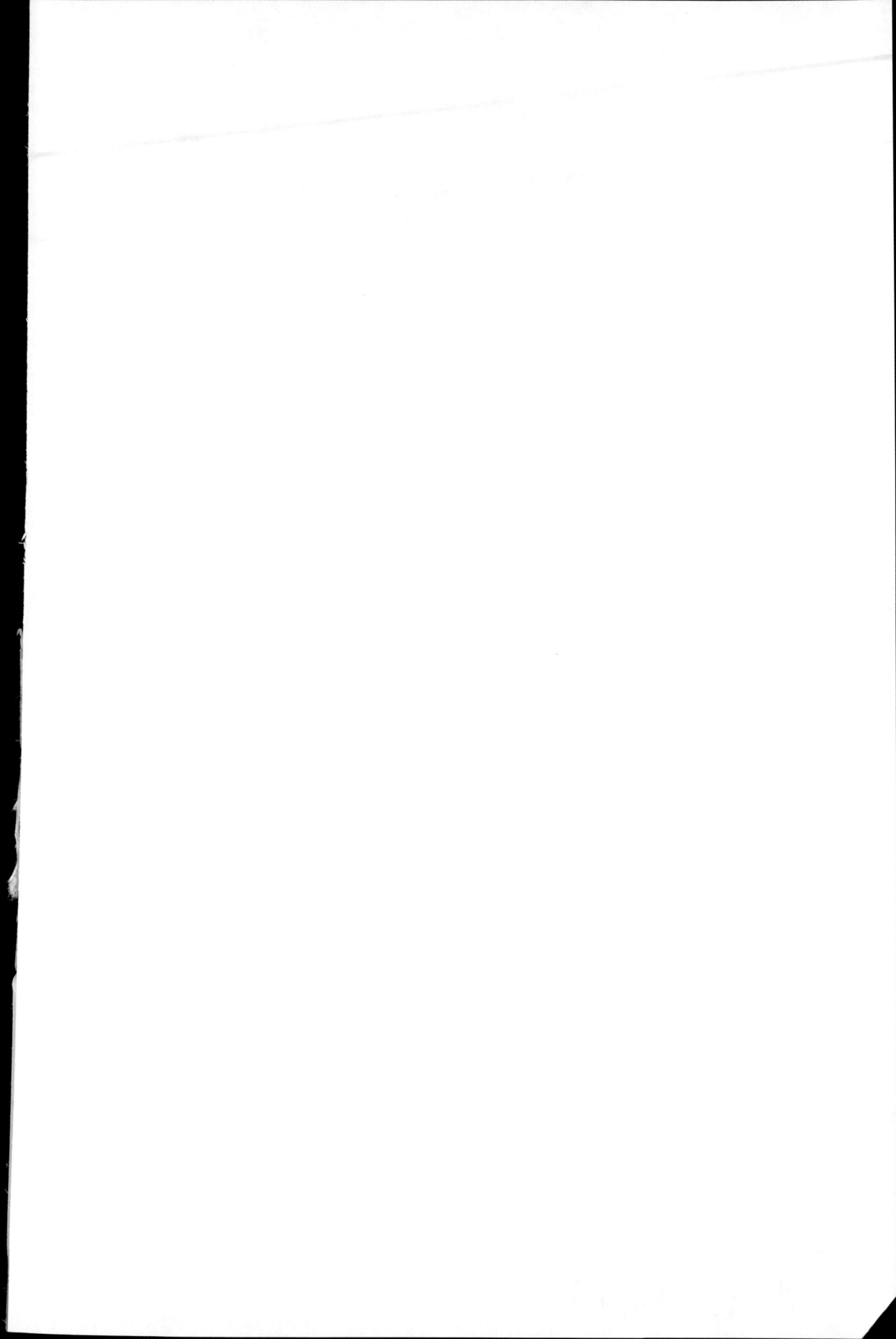

www.ingramcontent.com/pod-product-compliance
Lightning Source LLC
Chambersburg PA
CBHW081226190326
41458CB00016B/5695